碳中和

全球变暖引发的时尚革命

沈亚东 著

上海科技教育出版社

图书在版编目(CIP)数据

碳中和:全球变暖引发的时尚革命/沈亚东著. —上海:上海科技教育出版社,2021.6(2021.10重印)

ISBN 978-7-5428-7453-5

Ⅰ.①碳⋯ Ⅱ.①沈⋯ Ⅲ.①全球变暖–普及读物

Ⅳ.①X16–49

中国版本图书馆CIP数据核字(2021)第070891号

责任编辑 师宇楠
装帧设计 李梦雪

碳中和

——全球变暖引发的时尚革命

沈亚东 著

出版发行 上海科技教育出版社有限公司
     (上海市闵行区号景路159弄A座8F 邮政编码201101)

网   址 www.sste.com   www.ewen.co
经   销 各地新华书店
印   刷 上海商务联西印刷有限公司
开   本 720×1000   1/16
印   张 20.75
版   次 2021年6月第1版
印   次 2021年10月第2次印刷
书   号 ISBN 978-7-5428-7453-5/N·1120
定   价 78.00元

一封能源人
写给"Z世代"的情书

◇

"来吧,到Z世代的星球看一看,你需要他们,他们却未必需要你。"

"全球人数最多的消费群体来了,但掌控他们并不是一件容易的事。"

2019年7月,《商业周刊/中文版》的一期《Z世代颠覆消费》专刊吸引了我。作为一个关注全球变暖的能源人,这本专刊激发了我的一系列好奇心:

什么是"Z世代"?"Z世代"的消费时尚是什么? 这些新时尚和社会大众有什么样的紧密联系?

我,开始关注"Z世代"。

在我看来,你们,"Z世代",是紧随"千禧一代"的"九五后",是互联网时代的"原住民",一脸的胶原蛋白,一身的青春气息,初生牛犊不怕虎,长江后浪推前浪,未来充满了无限可能! 你们,就像16岁在头脑中进行"追光实验"的爱因斯坦,22岁随"贝格尔号"军舰环球考察的达尔文,25岁创作"天高地迥,觉宇宙之无穷;兴尽悲来,识盈虚之有数"的唐代诗人王勃一样,有充裕的时间去试错,有充沛的精力去闯荡!你们,是当今时代的宠儿,注定要为这个时代面临的重大挑战,提供全新的思路!

一

人生需要仪式感,时代需要神圣感。

2020年9月22日,中国在第75届联合国大会一般性辩论中宣布,中国将提高国家自主贡献力度,采取更加有力的政策和措施,二氧化碳排放力争于2030年前达到峰值,努力争取2060年前实现碳中和。这在业内被称为"中国3060"。同年12月12日,中国进一步在气候雄心峰会上宣布,到2030年,中国单位国内生产总值二氧化碳排放将比2005年下降65%以上,非化石能源占一次能源消费比重将达到25%左右,森林蓄积量将比2005年增加60亿立方米,风电、太阳能发电总装机容量将达到12亿千瓦以上。而截至2019年底,中国非化石能源占能源消费总量比重达15.3%,风电、光伏发电装机首次"双双"突破2亿千瓦。

"一石激起千层浪"。作为全球最大的能源生产国、消费国和由此带来的最大碳排放国,"中国3060"目标的提出,得到了能源行业的热烈响应和国际社会的普遍赞誉,将大大加快中国从化石能源向风能、太阳能、氢能等新能源绿色转型的进程。有企业家认为,未来10年内,中国新能源投资可能提供10万亿人民币左右的巨大市场。有科学家认为,面对碳中和的宏伟目标,迫切需要加快开发可控核聚变等颠覆式创新的能源技术。欧盟、美国等均提出,要在应对全球气候变化方面加强和中国合作,"中国3060"成为中国和世界的重要连接点。

根据世界气象组织(WMO)和联合国环境规划署(UNEP)共同建立的政府间气候变化专门委员会(IPCC)第五次评估报告,从1880至2012年,全球平均温度大约升高了0.85 ℃。随着有关人类对气候系统影响证据的增加,极有可能的是,观测到的1951—2010年全球平均表面温度升高的一半以上是由温室气体浓度的人为增加和其他人为强迫共同导致的。水汽(H_2O)、二氧化碳(CO_2)、甲烷(CH_4)、一氧化二氮(N_2O)、臭氧(O_3)是地球大气中的主要温室气体。此外,大气中还有许多完全由人为产生的温室气体。2010年,全球人为温室气体排放总量49 Gt(1 Gt=10亿吨)二氧化碳当量(甲烷等其他温室气体已折合成二氧化碳当量),其中,来自化石燃料燃烧和工业过程的二氧化碳占65%,来自林业和其他土地利用(FOLU)的二氧化碳占11%、甲烷占16%、氧化亚氮占6.2%。

能源绿色转型是当前应对全球变暖的基石。根据英国石油公司2019年版《BP世界能源统计年鉴》,2018年全球石油、天然气和煤的燃烧共排放338.908亿吨二氧化碳,其中,中国、美国、印度三个国家的排放总量约占全球一半。"中国3060"是应对全球变暖的重要组成部分。同年,全球一次能源消费量达到138.6亿吨标准油,全球70多亿人平均每人消费2吨油,其中,五大传统能源中,石油占1/3,煤炭占1/4+,

天然气占 1/4-,水能占 6%+,核能占 6%-,而新兴的风能、太阳能等非水电可再生能源只占 4%,还有很大发展潜力。

土地既是温室气体的源,也是温室气体的汇。根据 IPCC 2019 年发布的《气候与土地变化特别报告》,自工业化之前的时期以来,地面平均气温上升幅度几乎是全球平均地表温度上升幅度的两倍,2006—2015 年全球平均地表温度比 1850—1900 年升高了 1.5 ℃,而包括陆地和海洋的全球平均地表温度升高了 0.87 ℃。在碳源方面,2007—2016 年间,在全球人类活动中,农业、林业和其他土地利用活动约占 13% 的二氧化碳排放、44% 的甲烷排放、81% 的氧化亚氮排放,占人为温室气体净排放总量的 23%[平均每年(12.0±2.9)Gt 二氧化碳当量]。同时,在碳汇方面,2007—2016 年,土地对人为环境变化的自然反馈导致了平均每年约 11.2 Gt 二氧化碳当量的净碳汇。

二

"中国 3060"提出的时代背景是纪念世界反法西斯战争,即第二次世界大战胜利 75 周年,也是联合国成立 75 周年。"二战"结束以来,3/4 个世纪过去了,但往事并未如烟。2020 年 6 月 30 日,一座 25 米高的雕塑在俄罗斯的特维尔州落成,以此纪念苏德战争中血腥的勒热夫战役。雕塑的下半部分,战士的衣摆逐渐变成了向远方飞去的白鹤。雕塑艺术家的灵感来自苏联诗人伽姆扎托夫(Rasul Gamzatov)的诗篇《鹤群》:

　　　　有时候我总觉得那些军人,

没有归来,从流血的战场,

他们并不是埋在我们的大地,

他们已变成白鹤飞翔。

他们从遥远战争年代飞来,

把声声叫唤送来耳旁。

因为这样,我们才常常仰望,

默默地思念,望着远方。

疲倦的鹤群飞呀飞在天上,

飞翔在黄昏,暮霭苍茫,

在那队列中有个小小空当,

也许是为我留的地方。

总会有一天我将随着鹤群,

也飞翔在这黄昏时光。

我在云端像鹤群一样长鸣,

呼唤你们,那往事不能忘。

⋯⋯⋯⋯⋯

　　能源、医药与文艺是人类文明的基石,能源关系到人类的衣食住行,医药承载着人类的生老病死,文艺寄托着人类的爱恨情仇。如今,这三块基石仍处于大变革的前夜。

　　能源分为生产和消费两个方面。在生产侧,在很多地方,陆上风能、太阳能的发电成本已和煤电相当,但是风能、太阳能的间歇性和储能技术的滞后性影响了可再生能源的全面推广。全球最大的海上风电机组达到15兆瓦,商业化晶硅效率为23%,进一步提升难度较大,备受关注的可再生能源制氢成本较高,平价之路较长。在消费侧,随着数字化的推进，数据中心的能耗引起广泛关注，而"晶体管集成度每18个月增加一倍"的摩尔定律正逼近极限，如何设计更高效、更低能耗的人工智能芯片迫在眉睫，这种技术相对停滞不是一个单纯的技术问题，还会对贸易保护主义等国际关系问题产生重大影响。

医药方面，随着分子靶向、免疫疗法等科技进步，在三期以前发现的癌症中，已经有2/3以上可以转化为慢性病，已经发生转移的，治愈率也大幅增加。据研究，"活得久"可能是得癌症的最大单一风险因素。人过了60岁以后，患癌的风险就开始显著增加，到80多岁，患癌风险到达顶峰。从世界各国看，人均预期寿命不到70岁的国家，癌症发病率都不高。反过来，人均寿命超过80岁的国家，癌症发病率都不低。随着人均寿命从米寿(88岁，"米"字可拆成"八十八")到茶寿(108岁，"茶"字类似"米"字上面再加"廿")的进一步延长，神经系统方面的阿尔茨海默病显著增加，但目前尚缺少特别有效的药方。

奥斯卡最佳改编剧本奖提名电影《离她而去》(*Away from Her*)把视线移向了阿尔茨海默病患者。影片讲述了在一个白雪皑皑的加拿大小镇，男主人公无奈地把自己患病的老伴送到疗养院，在这里，她喜欢上一位男性病友，却始终不能认出自己的丈夫；而当男主人公在无奈之下，只好试着把那位已经回家的男性病友再次请到疗养院时，她却连这位病友也认不出了，只是觉得男主人公对她这么好，猜测两人之前一定发生过什么。电影改编自加拿大诺贝尔文学奖获得者门罗(Alice Muuro)的小说《熊从山那儿来》(*The*

Bear Came Over the Mountain）。而《熊从山那儿来》则源自20世纪40年代的一首著名儿歌《熊到山那边去》(*The Bear Went Over the Mountain*)。歌中唱道："熊到山那边去，好看他能看见什么/还有他能看见的一切，还有他能看见的一切/山的那一边，就是他能够看到的一切/因为他是个快乐的好家伙，因为他是个快乐的好家伙，因为他是个快乐的好家伙，没人能否认这些……"如今，昔日"熊到山那边去"的少年时光已走向"熊从山那儿来"的暮年，让人不胜唏嘘。电影《离她而去》的导演说，21岁那年，当她在飞机上看到门罗的这篇小说时，有着类似人生经历的她立刻泪崩："它抓住了我的手，把我领到一个更美好的地方。"

如果说，小说《熊从山那儿来》和电影《离她而去》抓住了当代社会老龄化这一主题，那么，对于那些感叹"大师总是成批地来，又是成批地走"的音乐人和"冷战之后，在消费主义刺激下，人类已经失去昔日走向星辰大海的勇气"的科幻作家而言，又该抓住什么样的时代机遇，创作出新的伟大作品？

三

时势造英雄，英雄促时势。当今世界，全球经济增长乏力的根本原因是科技创新驱动力的不足，在"一战""二战"和冷战的科技红利逐步消失之际，人类共同应对全球变暖的"暖战"，引发了新一轮的科技革命。

"暖战"，呼唤天马行空的脑洞。1943年，物理学家薛定谔(Erwin Schrödinger)在都柏林三一学院做了一个系列演讲,从物理学家的视角跨界探讨生命的物质基础,直接促成了10年后DNA双螺旋结构的伟大发现。今天,我们同样需要从能量的角度,对能源、医药、文艺三大领域进行跨界创新,这也许能给全人类带来意想不到的惊喜,从而一揽子解决当前存在的诸多问题。能源给人类带来了衣食住行,而人体可以视为一套精准高效的能源系统,环境污染和极端气候变化可以视为地球生病了,地球生病或许可以和人类生病相互借鉴,共享一个药方。此外,优秀的文艺作品在给人类提供正能量的思想感悟时,也往往会促使人分泌多巴胺等类似的神经传导物质。对众多阿尔茨海默病患者和正常人群的大数据对比分析,或许更有助于我们探究大脑低能耗、高效运行的秘密,进而启发能源革命。在"暖战"大背景下,迫切需要颠覆式的碳达峰、碳中和能源技术,就连最乐观的风能、太阳能从业人员,也认为至少储能技术需要重大突破;由全球变暖带来的病毒流行风险和对粮食作物生产的影响,已经得到了广泛的关注;全球变暖引发了人类星际移民的思考与行动,而这迫切需要艺术家协助打开思维,慰藉心灵。

"暖战",呼唤天下一家的胸怀。全球变暖带来的风险是全球性的,不仅是冰川融化威胁着北极熊的生存空间,海水上涨带来南太平洋岛国的沉没风险,北大西洋暖流的减弱、消失甚至可能把西欧带入"冰河世纪";其实,全球变暖也已经对青海三江源地区——中国内地对气候变化"最敏感的一块皮肤"产生了负面影响——融化的雪水,增加了青海湖的水量。三江源素有"中华水塔"的美誉,据统计,长江总水量的25%、黄河总水量的49%和澜沧江总水量的15%，都源自这一地区，应对全球变暖对于保护三江源以及长江、黄河、澜沧江流域和东南亚相关地区的可持续发展具有重大意义。2015年夏天，参加"澜沧江–湄公河之约"夏令营的大学生们来到澜沧江的源头扎西乞瓦，来自6个国家的大学生在发出"共同的河流、共同的责任、共同的未来"宣誓后，将各自从自己祖国带来的河水静静注入扎西乞瓦，又从扎西乞瓦汲取了一瓶象征跨国友谊的源头之水带回各自的祖国。"暖战"，是人类命运共同体的生动体现，随着2021年2月美国正式重新加入应对全球气候变化的《巴黎协定》，中国、美国、欧盟、日本等国家和地区已经奏响了一曲气势磅礴、响彻全球的"暖战"交响曲！其中，中国作为全球最大的可再生能源市场和设备制造国，水电业务遍及全球多个国家和地区，光伏产业为全球市场供应了超过70%的组件，中国音符，尤为响亮！

"暖战"，呼唤"天人合一"的实践。随着新能源的快速发展，化石能源的"燃料"份额逐步下降，而化石能源转化为化工品时产生的碳排放暂时还需要植树造林等创造的碳汇加以中和。根据中科院"碳专项"研究，中国陆地生态系统在过去几十年一直扮演着重要的碳汇角色。例如，在2001—2010年，陆地生态系统年均固碳2.01亿吨，其中，森林生态系统是固碳主体，贡献了约80%的固碳量，而农田和灌丛生态系统分别贡献了12%和8%的固碳量，草地生态系统的碳收支基本处于平衡状态。其中，我国重大生态工程（如天然林保护工程、退耕还林工程、退耕还草工程，以及长江和珠江防护林工程等)贡献了中国陆地生态系统固碳总量的36.8%。近年来热播的电视剧《最美的青春》《山海情》等,充分体现了中国人民在治沙中打造绿水青山的努力与成效。

四

历史,是最好的老师。在人类文明的历史长河中,气候一直是绕不开的话题,近年来更是随着全球变暖成为学术界研究的热点。读懂了历史,也许我们就真正读懂了"暖战"对中华民族永续发展的重大意义。

以罗马帝国研究为例。18世纪英国历史学家吉本(Edward Gibbon)遍历罗马等意大利名城,花费20年的心血写成史学名著《罗马帝国衰亡史》。在书中,吉本从资本主义民主的角度,认为罗马人头脑中法律和自由的消除是罗马帝国衰落的罪魁祸首。在1999年出版的《全球通史:从史前史到21世纪》一书中,20世纪的美国历史学家斯塔夫里阿诺斯(Leften Stavros Stavrianos)从生产力的角度看待罗马帝国,他认为东罗马帝国晚于西罗马帝国1000年灭亡的主要原因是西部经济不如东部经济先进发达。在农业方面,意大利土壤肥力不如中东大河流域,平均谷物产量只是播种量的4倍,而当时罗马人的科技水平又不足以有效开发中欧和北欧的沃土;此外,西部工业也普遍落后于东部工业,因此无法长期支撑帝国大厦的有效运转,造成最终的崩溃。进入21世纪后,美国文学教授哈珀(Kyle Harper)在2017年出版的《罗马的命运:气候、疾病和帝国的终结》一书中,通过翔实的证据,把帝国的兴衰和气候变迁、生物性因素(细菌及病毒造成的瘟疫)连接起来,认为大约公元前200年到公元150年的罗马气候最优期是罗马帝国版图最大和最繁荣的时期。和现在亚历山大里亚城夏季几乎不下雨相反,那时的夏天雨水较多,雨热同期,有利于农业生产,而后来的小冰期不仅影响农业,冷空气也增加了瘟疫的传播,造成帝国衰微,无法抵挡外敌入侵。

气候与文明,说不尽的故事。如果说,罗马气候最优期与罗马帝国全盛期重合可能是一种巧合,那么,公元前9500年,地球急剧回暖,进入全新世早期,温暖湿润的气候刺激了野生谷类和豆类植物的成熟和传播,在贝尔伍德(Peter Bellwood),这位年轻时曾研究罗马帝国,后来转向农业起源研究的世界著名考古学家看来,"公元前9000年至前7300年,驯化谷物、豆类作物与畜牧动物在整个西南亚的人类生计中迅速获得了主导地位。如果说与相对积极稳定的全新世气候的这种联系纯属巧合的话,那么它就是人类史前史上发生的最重要的巧合之一"。在其他学者看来,农业的诞生可能是当时人类已经扩散到适合生存的每个大陆,灭绝了诸多大型野生动物,在资源与环境的空前危机下不得已而为之,也可能是一种无意识的自然选择的结果,作物驯化和动物驯养是漫长岁月中人类和动植物共同进化的结果。综合上述观点,也许,人类文明在这个时间点发生突破,可能是天时、地利、人和共同作用的结果吧!

从大约一万年前的农业起源到如今,虽然也有一些气候波动,但整体上说,全新世气候是相对平稳的,从而有力地保障了人类的文明进步。和以往轨道变化、火山爆发等影响短期气候变化不一样的是，根据IPCC报告，二氧化碳基本上属于惰性气体，排放后可在不到一年的时间内快速混入整个对流层，并在长达两千年后，仍有15%—40%的二氧化碳存留于大气中，过高的二氧化碳浓度以及目前排放造成的相关气候影响会在未来持续很长一段时间。因此，这一轮气候变化的不确定性和长期性尤其值得关注。"时代的一粒沙，个人的一座山"，每个人都不可不防，要未雨绸缪。

五

在本书中，我将抛砖引玉，从九篇三十六计聊聊全球变暖引发的时尚变革。九篇中，生活、环境、生命、空间、金融、创新、文艺、哲学、大学各篇之间的逻辑关系是：

能源，人类文明的生命线，在生活篇的首篇，介绍了斯瓦尔巴群岛因发现煤炭成为人类最北的定居点；

能源和环境是21世纪人类面临的两大问题，环境问题，从根本上说也是能源问题；

环境问题影响到人类健康，对健康和生命的追问，有助于更好地解决能源与环境问题；

生命的空间，总是不停地拓展，我们的目标是星辰大海，拓展空间既是远征，也是为了将来更好地回家；

哥伦布(Christopher Columbus)发现新大陆的成功实践，充分证明了空间的拓展离不开资金的支持，绿色金融至关重要；

资金支持的背后是企业家精神，而离开创新的财富则是无法持续的；

在科学革命释放生产力之前，需要文艺作品真正打开人类的创造力；

文艺的尽头是哲学，哲学的终极问题是生死；

大学通过文明成果的代际传承，从某种意义上实现了人类的永生。

三十六计，三十六种时尚，三十六种创新，三十六种机遇。

今天的中国"Z世代"，作为互联网时代的"原住民"，你们和世界各地的"Z世代"一样，在数字化、全球化的浪潮下一起成长。

你们，正从"中国3060"起航，书写新时代"女娲补天""精卫填海""愚公移山"的故事，打造21世纪的新瓷器、新丝绸、新茶叶，引领潮流，创造历史——一段当代中国产业发展、人类文明永续发展的伟大历史！

"一万年太久，只争朝夕。"你们，就像当年农业革命一样，正在开启人类下一个一万年可持续发展的光辉岁月。这条源自能源、超越能源的未来之路，很酷很酷，充满了鲜花与荆棘、欢笑与泪水。我和这本书，将和你们一路同行，投石问路，成就一代人的共同记忆。

我还有个小小梦想。在全社会的大力支持下，特别是在你们的不懈努力下，人类很有可能提前20年，享受一批革命性的科技成果，从某种意义上说，这相当于每个人多活了20年，而如果把时空平移一下，则相当于每个人年轻了20岁。

于是，我，在心态上一直属于"Z世代"的沈哥，在身体上，也属于"Z世代"了！

目录

生活篇

1 衣

对遥远北极的
想象与渴望

英国哲学家休姆（Thomas Ernest Hulme）认为："哲学是关于穿着衣服的人们，而不是关于人的灵魂。"随着人们生活水平的提高，2020年1月，以时装与皮具为主营业务之一的法国奢侈品集团路威酩轩（LVMH）总裁阿诺特（Bernard Arnault）取代亚马逊创始人贝索斯（Jeff Bezos）成为世界首富。在全球变暖的背景下，服装行业正处在一场大革命的前夜。

一

故事，要从人类最北的一座城市——挪威的朗伊尔城说起。这儿离北极点仅 1300 千米，被称为"通往北极的桥头"。朗伊尔城很小，大约有居民 3000 人，只有一条街道，一座教堂，一家宾馆，一个商场，一所大学，但是充满了彩色的房屋。

朗伊尔城地处挪威属地斯匹次卑尔根岛，该岛是斯瓦尔巴群岛最大的岛屿。一位去过的朋友告诉我，在斯匹次卑尔根岛上，从机场到朗伊尔城区的大巴非常破旧，这一方面是因为从挪威本土空运大巴不太方便，更重要的是，大巴只要能用，就没必要变成垃圾，增加环境的负担。但是，朗伊尔城的生活质量并不低，这里每天有从北冰洋打捞的新鲜海鲜，城里的餐厅也有高档酒水出售，服务员有来自英国米其林餐厅的帅哥。近年来，一位来自波兰的年轻摄影师格西卡（Dominika Gesicka）多次来到这里，拍摄了系列作品《这不是真实的生活》。她喜欢裹着一条毛毯，在一扇窗户前呆坐几个小时，只为呼吸这儿新鲜的极地空气。

然而，这座美好的小城却是世界上唯一的一个判定死亡违法的城市，只有 8 个用于急救的床位，重症病人会通过直升机送回挪威本土的医院救治，除非猝死，否则无人有权死在这里。这儿生存条件恶劣，温度较低，地表下几乎都是冻土层，尸体不会腐烂，细菌也不会死亡。1194 年，北欧海盗首先发现了斯瓦尔巴群岛，斯瓦尔巴在挪威语中意为"寒冷海岸的岛屿"；1596 年，荷兰探险家巴伦支（Willem Barents）为探寻通往中国的海上捷径经过此处，用荷兰语"尖峭的山地"之意命名斯匹次卑尔根岛。

朗伊尔城的文明之光来自1906年。这一年，美国人朗伊尔(John Munroe Longyear)在岛上开办了第一家煤炭公司，煤矿企业和矿工们聚居在一起逐渐形成人气，朗伊尔城便是以他的名字命名的。在位于朗伊尔城外的一个山洞里，挪威政府联合上百个国家建立了一座被誉为"植物诺亚方舟"的末日种子库，零下18摄氏度的地窖中保存着约1亿粒来自世界各地的植物种子，用以防止人类在大规模灾害发生时永远丧失某些农作物的基因。游客需要穿上厚厚的羽绒服才能进去参观，而种子库的外面则是一座煤矿、一个电厂，为种子库提供足够的能源供应。

北极熊是斯瓦尔巴群岛的标志。据说，这儿的熊比人多。约25厘米宽的大爪子是它们天然的雪地靴，约10厘米厚的毛皮可以隔热和储存尽可能多的能量。每一位游客在朗伊尔城都会收到这样的告诫：不要乱跑，因为你正住在北极熊家里。朗伊尔城平均每人拥有4把来福枪，法律规定，任何人出城探险必须携带来福枪，并且知道如何使用。这儿是全球变暖的敏感地区，当地人戏言，因为北极海冰融化影响食物供应，有的北极熊已经瘦得快没熊样了。

剑桥大学有送年轻的地质学家到斯匹次卑尔根岛考察的传统，因为这儿有只在鸟类书籍的插图中才出现的各种鸟儿，资源丰富的海洋则是一部闪闪发光的动物学教科书。1967年，21岁的剑桥大学学生福提(Richard Fortey)来到这里，第一次拿起地质铁锤，叮叮当当地采集着三叶虫的化石。三叶虫曾经是寒武纪海洋王国中的统治者，但在2.4

亿年前的二叠纪完全灭绝。在一次采集标本时，福提抬头时恰好看见一只北极熊正从远处的海峡冲过来，不敢相信自己枪法的他一路狂奔，精疲力尽，以为自己马上就进入食物链了……其实，那只北极熊只是幻觉，是一块浮冰在海上移动，它顶端的碎冰像熊的轮廓而已。北极熊，会成为下一个三叶虫吗？

2004年，中国在斯瓦尔巴群岛的新奥尔松建立了首个北极科考站——中国北极黄河站。北极的气候变化，也是中国科学家的重点研究对象。

二

2004年，电影《后天》讲述了北半球因为温室效应引起冰山融化，龙卷风、海啸、地震在全球肆虐，整个纽约进入冰河时代，人们所穿的加拿大鹅（Canada Goose）羽绒服历历在目。有人说，《后天》里，最大的赢家就是加拿大鹅。

2019年冬天，为了调研全球变暖对服装产业的文化影响，我来到了位于北京三里屯的加拿大鹅店。三里屯店里面循环播放着两个视频，其中之一就是挪威朗伊尔城熟悉的冰川。店里的一个画框内讲述着一个因纽特人的神话故事：每年的一个特殊日子，美丽的女妖会跑到村子里抢走一个孩子，由自己抚养成人。不知道这是不是和极地寒冷、人类生育率低有关系？

在美国作家洛佩兹（Barry Lopez）的笔下，因纽特人和北极熊是一个互为猎物、相互成长的关系。"与北极熊交手，拿整个生命去应对它，也是在和某种有个性的东西决斗。这种对决发生在一片静谧、致命而又崇高的旷野。如果你赢了,你会发现自己在提升,如雨后春笋似的,不可遏制。能走出角斗场,意味着你彻底胜了。同时,你对自己的生活充满自信。"

在因纽特人眼中,北极熊是力量赋予者。洛佩兹讲述了两个北极熊的故事。"十腿熊"的故事讲述了有一年冬天,去一个方向打猎的猎人总是无法归来。原来,他们被一只"十腿熊"迷住了,因为"十腿熊"每次只要把腿移动一点点,就会像冰面上的舞者一样。后来,"十腿熊"的魔法被人识破,惨遭杀害,至此,猎人方能平安归来。

而另一个因纽特人少妇的故事,则在心酸之余有点"羡慕嫉妒恨"的色彩。一只北极熊爱上了一位因纽特人少妇,少妇看到自己的丈夫在捕猎时总是空手而归,不得不告诉他北极熊的住处。北极熊从远方听到了少妇的告密,赶在少妇丈夫冲回来之前,悄悄来到少妇的雪屋外,愤怒地用双掌摧毁了少妇的雪屋,然后悲伤地离开。

在加拿大鹅看来,北极熊是冰山上的骑士、浮冰上的水手,它刻意强调"加拿大制造",目的在于营造一种将公司发展与加拿大北部环境密切相关的氛围。2007年,在加拿大鹅50周年庆典之际,公司出版了第一本《大鹅先锋》名册,介绍了来自全球的50位拥护公司价值观和生活方式的人士,他们通过冒险行动激励他人,积极弘扬"能行"的人生态度。在《大鹅先锋》中,既有登上地球三级(南极、北极、珠穆朗玛峰)的探险家,也有国际知名超模、演员,还有原住民领袖与前冰球运动员、艾美奖获奖导演、环保大使及教育家等。

同样在 2007 年,加拿大鹅邀请了两位因纽特人来到多伦多的工厂,帮助工人按传统的因纽特人缝制方法制作一件派克大衣。在这次访问期间,两人提出是否可以把生产中剩余的一些废布带给家乡的亲朋好友。受此启发,加拿大鹅从 2009 年建立了资源中心计划,迄今已向加拿大北部社区捐赠了超过 100 万平方米的高科技面料。

2017 年,加拿大鹅推出了独特的全息图标签,作为每件商品的防伪标识。标签上是一只北极熊的图案,从不同的角度可以看到不同的效果。在三里屯店,可以看到北极熊国际协会(Polar Bears International,简称 PBI)的标志。PBI 是唯一专门致力于保护野生北极熊的组织,其使命是通过媒体、科学和倡导来保护北极熊以及它们赖以生存的海冰。店里,每一件具有 PBI 标志的衣服,其销售额的一定比例都要捐献给 PBI。

2020 年 2 月 27 日,也就是国际北极熊日,加拿大鹅和 PBI 正式推出纪录片《裸露的存在》(*Bare Existence*),讲述了 PBI 科学家团队在北极熊之都——加拿大丘吉尔镇,保护野生北极熊栖息地的故事。

三

古语云:"不谋全局者,不足以谋一域;不谋万世者,不足以谋一时。"保护北极熊,保护朗伊尔城,需要大处着眼,小处着手。

时尚行业是碳排放的大户,目前,服装主要来自化石燃料衍生的合成材料,而制造这些材料的过程需要大量消耗碳。

2018年12月8日，在波兰卡托维兹《联合国气候变化框架公约》第24届缔约方大会（COP 24）上，43家时尚和奢侈品行业的品牌和组织共同签署了《时尚业气候行动宪章》（*Fashion Industry Charter for Climate Action*），提出温室气体2050年净零排放的愿景和2030年减少30％的目标，并强调优先使用低碳材料，加快推进循环经济。

减少时尚行业的碳排放，需要增加行业透明度，进而改变每个人的消费习惯。拥有古驰（Gucci）等多个名牌的开云集团在微信中开发了"开云集团创新奢侈品实验室"小程序，每个人可以通过不同的材料、产地等选择，计算夹克衫、戒指、手提包和鞋子4种产品的环境损益表（EP&L）。我自己试验了一种夹克衫，环境损益值是3599元，其中碳排放1550元，土地使用1704元。

在三里屯店，我仔细观察了一件女式羽绒服和一件儿童羽绒服的标签，填充物是含绒量80％的白鸭绒，帽子上的毛是天然丛林狼毛皮，而面料则是棉花和聚酯纤维、锦纶、氨纶这些石油化学合成材料。自1968年美国阿拉斯加发现石油后，加拿大也加快了北极地区的油气开发。在零下30多摄氏度的气温中，石油工人顶着寒风在冰层上钻井，成为北极独特的自然、人文景观的一部分，也因为环境问题受到高度关注。而随着油砂这种非常规石油资源的大规模发现，开采过程中的高碳排放更处于风口浪尖。时尚行业的面料能够更加高科技一点，在真正实现全产业链低碳排放的同时，保护好人类宝贵的土地资源吗？

这不仅是加拿大鹅面临的难题，也是全人类的难题。

从新中国纺织工业发展历程看,通过人造纤维、维尼纶、石油化工三个阶段的艰苦努力,14亿中国人民已经从"筚路蓝缕"走向"衣被天下"。解放初期,当时靠农业供应的纺织原料占了纺织用原料的百分之百,包括棉花、羊毛、黄麻和蚕丝,其中主要是棉花。生产棉花要占用大量耕地,增加生产势必多用农田,这就与解决吃饭问题发生了矛盾。20世纪60年代,中国建成一批人造纤维工厂,但当时的原料只能用一种在大兴安岭北坡生长的、纤维素较好的白松,同时,人造纤维设备中的计量泵和喷丝板必须耐碱液腐蚀,要用很宝贵的白金做材料。木材原料的限制制约了人造纤维工厂的推广,1964年中国开始以矿物质电石为原料生产一种叫"维尼纶"的纺织原料,并从日本引进了相关成套设备,到20世纪70年代末,维尼纶产量大幅度增加,部分填补了纺织工业对原料的需要,但是维尼纶用作纺织原料穿在身上发涩、不舒服。1972年,大庆油田原油产量达到4567万吨,为大规模开发以石油为原料的合成纤维提供了宝贵资源,于是中国大规模引进国外先进成套技术设备,用石油、天然气做原料,大量生产涤纶、腈纶、锦纶等服装产品。如何在全球变暖的形势下,实现穿衣的转型升级,是一篇大文章,也可能是时尚行业下一个世界新首富诞生的领域。

走出三里屯的加拿大鹅店,几个月后,一个偶然的机会,我看到北京五道口的一家中国羽绒服品牌店,宣传海报上显示该品牌畅销全球多个国家,而背景则是一座冰川。

当三里屯的"冰川"和五道口的"冰川"在我脑海中剧烈碰撞的瞬间,我想到了一次会议上,德国联邦经济和技术部官员引用的一句名言:"如果你想要造一艘船,先不要雇人去收集木头,也不要去给他们分配任务,而是要去激发他们对浩瀚的大海的渴望。"

食

② 新素食：
阳光下的新鲜事

　　如果不是每餐吃肉，我们都是某种意义上的素食主义者。2019年，一位在芬兰工作的朋友告诉我，她最不喜欢和某个环保组织的人一起吃饭，因为他们总是把吃饭的地点选择在赫尔辛基的一家餐厅，全是素食，连奶酪和鸡蛋也没有，可以说是最严格的素食主义者了。我的这位朋友，和《我们应该吃肉吗？无肉不欢的世界》的作者斯米尔（Vaclav Smil）教授一样，是一种最常见的素食主义者：蛋奶鱼素食者。斯米尔在捷克长大，童年时最爱吃父亲打的野鸡、野兔，特别是鹿肉，来到北美后，却不知不觉地成为了素食主义者。

一

在全球变暖的今天,甲烷是仅次于二氧化碳的第二大温室气体,具有强势、短寿命期的特点,在20年内的增温效应相当于二氧化碳的84—87倍,在100年内的增温效应为二氧化碳的28—36倍。相关研究显示,牛反刍排出的甲烷是甲烷主要来源之一。一头体重550千克的奶牛每天可排放800—1000升甲烷,美国8800万头牛产生的甲烷比垃圾填埋场、天然气泄漏或水力压裂工艺产生的甲烷还要多。

怎么办?阿根廷科学家最新研制出的一种采屁背包,将奶牛变成了微型"能源站"。他们将从背包一端延伸的管子插入奶牛的消化腔,用以收集它们排放的气体,一天大约可以采集300升甲烷。

治标不如治本。反刍动物产生的甲烷来自生活在瘤胃的微生物,瘤胃是反刍动物独特的消化器官。这些微生物生活在没有氧气的环境中,通过分解和发酵动物食用的植物材料产生甲烷。为了释放产生甲烷时所积聚的压力,动物会通过打嗝将其排出。早在20世纪90年代,一些澳大利亚科学家就尝试研发抑制产生甲烷菌的药物,以减少甲烷的产量,但是没有成功。

新西兰是一个畜牧业十分发达的国家,它的农业和畜牧业产生的温室气体占总排放量的40%—50%。新西兰通过气候法案,要求到2050年基本实现碳中和,该法案对2030年和2050年农业和畜牧业的甲烷减排提出了明确的要求,相关行业压力巨大。

近年来,在现代基因工程的指导下,新西兰农业科学研究所正在研发一种能够对抗某些肠道微生物产生甲烷的疫苗以及其他抗甲烷的方法,让我们能够在继续食用牛羊肉和乳制品的同时,减少畜牧业的碳排放。

二

联合国粮农组织的一项研究显示,2010年畜牧供给链碳排放总量大约是81亿吨二氧化碳当量,其中,牛独占60%左右,而猪、鸡、水牛则均占10%左右。从产品碳排放强度看,牛肉最高,平均每千克蛋白质排放的二氧化碳当量为342千克,而牛奶、猪肉、鸡肉、鸡蛋每千克蛋白质排放的二氧化碳当量均在100千克以下。降低碳排放,需要多方努力,肉蛋奶并举。

2019年5月,美国制造人造肉的超肉公司(Beyond Meat)在纳斯达克上市,成为人造肉第一股。其股价在当天收盘时上涨163%,成为2000年以来市值2亿美元以上公司中上市首日涨幅最高的。投资方包括美国食品巨头泰森、微软创始人盖茨(Bill Gates)、著名影星迪卡普里奥(Leonardo Dicaprio)以及麦当劳前任首席执行官汤普森(Don Thompson)等,一时间,人造肉概念风光无限。

超肉公司的理念是通过用植物做肉,改善人类健康,积极影响气候变化,解决全球资源约束问题和改善动物福利。肉类的5个基本组成部分是蛋白质、脂肪、矿物质、碳水化合物和水,这些都可以从植物中获取。通过加热、冷却和加压,可以从植物性蛋白质中创造出类似肉的纤维质地,再处理加工后,就可以得到美味的植物性汉堡、香肠和牛肉了!

超肉公司的蛋白质来源为豌豆、绿豆、蚕豆、糙米,脂肪来源为可可脂、椰子油、葵花籽油、菜籽油,矿物质包括钙、铁、盐、氯化钾,碳水化合物来源为马铃薯淀粉和甲基纤维素(植物纤维衍生物),而甜菜汁提取物、苹果提取物、天然香料则被用来提供肉味和烹饪体验。

2012年,超肉公司正式推出第一款产品——植物鸡柳。2013年,超肉公司通过美味的人造鸡肉,吸引了比尔·盖茨的投资。

2018年,超肉公司收入8793万美元,植物性汉堡、香肠和牛肉已经进入超市,"飞入寻常百姓家"。而另一家制造植物人造肉的不可能食品公司(Impossible Foods)的产品也已进入大众市场,该公司推出了人造猪肉。不可能食品公司的亮点是血红素。血红素号称"小分子,大香料",我们吃牛排时切出的红色的"血水",其实就是血红素。血红素在每一种活着的植物和动物中都存在,但是在动物中含量更高。不可能食品公司先从大豆植物根瘤中提取血红素,然后像酿造啤酒一样将大豆植物DNA插入到基因工程酵母中,以大规模地产生血红素。

牛排被誉为植物类人造肉的圣杯,以色列、西班牙的公司正在完善基于植物的3D牛排打印,以更好地模拟牛排的口感和视觉效果。与此同时,人造牛奶、人造鸡蛋、人造海胆、人造虾也在美国、日本的公司推进下快速发展,有的产品已经走上普通老百姓的餐桌。

三

和植物类人造肉相比,动物细胞人造肉则多了一份科幻色彩。1932 年,丘吉尔(Winston Churchill)提出"养一整只鸡就为了吃鸡胸或鸡翅是我们应该逃离的荒谬,我们应该在培养皿里只培育可食用部分"。2013 年,荷兰科学家波斯特(Mark Post)在伦敦举办了一个实验室养殖肉发布会,让大厨煎了价值 25 万欧元的人造牛肉汉堡,并由两位美食评论家品尝,台下 200 个记者只能看着拍照。这次发布会之后,他成立了莫萨肉类公司(Mosa Meat)。

在动物细胞培养中,培养基的质量是关键,而培养基的构成中动物血清对细胞的生长繁殖起着重要作用。胎牛血清是动物细胞人造肉公司的最爱,因为胎牛还未接触外界,其血清中所含的抗体、补体等对细胞有害的成分最少。但是,胎牛血清未能摆脱对牛的依赖,有违人造肉的初衷。在深入研究后,美国孟菲斯肉类公司(Memphis Meat)宣布,公司开发出了不用胎牛血清的培养基。在孟菲斯肉类公司里,培养基中的肌肉细胞长链首尾相连,形成多细胞肌肉和漩涡,犹如梵·高(Vincent Willem van Gogh)的油画《星月夜》。

目前,动物细胞人造肉每磅需要上千美元,还需要进一步降低造价,同时也需要农业与食品相关部门加强监管。

四

每一个公司的创办,或出于商业利益的驱动,或出于某种情怀,或两者兼而有之。在超肉公司、不可能食品公司和孟菲斯肉类公司这三家人造肉明星公司的创始人/联合创始人中，有两位不是生物学家，他们是超肉公司创始人兼首席执行官布朗（Ethan Brown）和孟菲斯肉类公司联合创始人兼首席执行官瓦莱蒂（Uma Valeti），他俩现在都是素食主义者。

布朗在华盛顿特区长大，父亲是一位环境伦理学教授，小时候经常去马里兰州的自家农场亲近自然和动物。农场养了一头猪，家里人和它很有感情，迟迟不愿宰杀。18岁之后，他变成了素食主义者。从哥伦比亚商学院毕业后，他开始了燃料电池方面的创业。2008年，布朗看到密苏里大学谢富弘教授关于人造鸡肉的一篇论文，谢教授在论文中称其已经成功制作出一块从质感到口感都与真肉足够相似的植物鸡肉。2009年，布朗创办了超肉公司，开始了和谢教授以及另一位密苏里大学教授赫夫（Harold Huff）的长期深度合作。在超肉公司的平台上，谢教授已成为名至实归的"人造鸡肉之父"。

瓦莱蒂在印度长大，父亲是一名兽医。12岁那年，他参加了邻居的生日聚会。前院里，人们围着唐杜里鸡和咖喱山羊翩翩起舞。后院里，瓦莱蒂则看到了厨师在不停砍断动物的头颅，这让他感到此种生日聚会其实是死亡纪念日。后来，瓦莱蒂来到美国，成为心脏病学专家，逐渐成为素食主义者。2005年，他在美国梅奥诊所（Mayo Clinic）的一项前沿临床试验中，使用干细胞修复了因心脏骤停引起的损伤，由此产生顿悟：在生物技术发展迅速的今天，为什么不用干细胞培养牛排呢？在自己未来的30年中，拯救数万亿头动物的生命，比拯救几千名心脏病人更为重要！

2014年,瓦莱蒂遇到同为素食主义者的干细胞生物学家吉诺维斯(Nicholas Genovese)。2015年,两人共同创办了孟菲斯肉类公司。

五

即使同为素食主义者,背后也可能有不同的理念。在一些瑞典人看来,人造肉口感上像肉,可是为什么一定要追求这种口感上的肉味呢? 他们选择了本地的燕麦牛奶供应商Oatly公司,将燕麦做出类似牛奶的味道。同时,燕麦来源于本地,可以减少食物长途运输带来的碳排放。

Oatly公司的创办和乳糖不耐症有关。乳糖不耐症人群由于体内缺少分解乳糖的酶,不能很好地分解喝下的牛奶,容易发生腹泻。1990年,瑞典隆德大学的科学家发现天然酶可以将富含纤维的燕麦分解成液体食品,并且在生产过程中可以保持β-葡聚糖完整无缺。由此,第一种燕麦饮料诞生了! 于是,这些科学家组建了一家公司,并将其命名为Oatly。

2002年前后,Oatly的核心管理团队开始了大胆的品牌重塑,强化食品让地球可持续发展的理念。此时的公司CEO曾经开过咖啡店,他敏锐地发现在瑞典最常使用牛奶的地方就是咖啡店,于是公司开发了一款名为"咖啡大师"的产品,在咖啡中添加燕麦奶以取代牛奶。同时,咖啡的消费群体主要是年轻人,也和Oatly追求潮流的生活方式比较契合。在品牌重塑后,Oatly加快了国际化的进程,2016年进入美国市场,2018年上半年进入中国市场,中国的华润集团已经成为 Oatly 的股东之一和战略合作伙伴。2019 年，在 Oatly 的全球市场中，瑞典占 24%、英国占 23%、北美占 19%、芬兰占 10%、德国占 9%。

根据 Oatly 的可持续发展报告，2019 年公司销售额增长 88%。在快速国际化的进程中，也产生了新的生产和物流挑战，公司每升燕麦产品的碳足迹增加了 20%，从 0.40 千克增加到 0.48 千克，其中原料种植占 49%、运输占 24%、包装占 13%。据分析，2019 年的碳排放增加和新供应的芬兰燕麦原料土壤腐殖质高、临时把燕麦产品空运到亚洲市场、可再生能源供应跟不上等多种因素相关，为此 Oatly 制定了多项应对措施，比如，在新加坡建立燕麦生产基地、推广电动卡车、加快包装产品的可循环利用等，试图通过碳足迹的透明化和创新工作方式，大幅降低单位产品的碳排放。

六

从人类发展史看，在工业化的浪潮下，人类的肉类消费快速上升又逐步下降。以德国为例，年人均肉类消费从拿破仑战争后的不足 15 千克，上升到 1892 年的 32.5 千克，1990 年达到 96 千克的峰值，后来回落到 2000 年的 83 千克。而 2007 年的一项调查表明，56% 的法国人一年吃不到 16.5 千克的肉，只有 20% 的法国人一年吃肉超过 25 千克，相当于每天 70 克。

中国，和人造肉有着深刻的渊源。如今的植物基人造肉大多基于大豆，而大豆的原产国就是中国，"素肉"在中国的饮食中源远流长，只是口味和肉味还有差距。而美味的北京卤煮,则是对动物内脏的充分利用,就像胎牛血清推动培养基人造肉一样,也许动物内脏也能为培养基人造肉提供某种灵感。一些中国科研机构和初创公司,也开始在当代人造肉领域崭露头角。中国人口众多,哪怕只有很少比例的新潮人群对人造肉感兴趣,都是一个不小的市场。

研究表明,食用过多红肉,会导致结肠癌。世界肿瘤研究会建议每周吃不超过500克的新鲜红肉,或者年人均消费量控制在25千克以下。在吃肉的天平上,一边是美食的诱惑,一边是健康的考量,对全球变暖的考量也许只是很小的一点砝码。但是,可能就是这么一点小小的砝码,让人们在反复纠结之际,决定天平的最终倾斜方向。于是,修身、齐家、治国、平天下,在这里达到了完美的统一。

住

3 有温度的建筑：
智能手机的创新基因

　　2019年底，上海特斯拉电动汽车超级工厂正式投入使用，引发了一些评论家的猜测：以特斯拉为代表的电动车，会不会在中国相关产业链的配套支持下，在较短时间内取代燃油车，就像当年的苹果手机颠覆诺基亚一样呢？可见，苹果手机不仅仅是一部手机，某种意义上，也是颠覆式创新的代表。那么，苹果公司的创意源头又在哪儿呢？

一

在乔布斯(Steve Jobs)唯一的授权传记中,作家艾萨克森(Walter Isaacson)给我们介绍了苹果系列产品的秘密。原来,乔布斯小时候住的房子既廉价又时尚,其设计理念是"适合美国普通百姓的简单现代之家",即"落地的玻璃墙、开放式的平面设计、无遮蔽的梁柱构造、混凝土地面以及大量的滑动玻璃门"。乔布斯还特别提到,"地板上安装了热辐射供暖设施。我们小的时候,铺上地毯,躺在上面,温暖舒适"。

就这样,这种安装了地暖的时尚建筑激发了乔布斯设计未来产品的灵感:"把很棒的设计和简便的功能融入产品中,而且价格不会太贵。"这一理念在音乐播放器iPod上开始实现。自然,iPhone更是如此。后来,在动画软件上,乔布斯也进行了实验,只可惜动画软件过于专业,乔布斯未能把它推广到社会大众中,留下了深深的遗憾。

有趣的是,乔布斯从建筑中得到灵感,推出了iPod,而被誉为iPod之父的法德尔(Tony Fadell)则从苹果公司离职后投身建筑行业,成为了智能家居的变革者。2010年,法德尔创立了Nest公司,聚焦那些"不讨人喜欢但实用的"家居产品:最初的产品是恒温器,通过传感器控制家里的温度;后来又开发出了烟雾报警器。Nest的产品时尚又节能,以学习型恒温器为例,它节省的电费有可能让用户在一年之内就收回产品的投资。

2014年1月,谷歌公司用32亿美元收购了Nest。Nest和很多公司开展商业上的合作,通过智能家居之间的互相对话,满足人们居住上的各种需求。

二

如果说地暖是当年时尚建筑的核心,那么在全球变暖的背景下,节能已经成为当今建筑行业的时尚。2017年,苹果公司新总部园区完成全部建造。新建筑位于美国加利福尼亚州旧金山湾区南部的库比蒂诺,整个建筑充满科技感,是乔布斯生前最后一个作品,被乔布斯描述为"像一座降落在地表的宇宙飞船"。园区通过太阳能发电保证电力自足,并且和中国传统建筑一样,尽可能采用自然通风调节温度。

不仅仅是总部大楼,苹果公司在全球的办公室、零售店和数据中心已经以 100% 可再生电力供电,这是非能源类公司在可再生能源领域规模最大的投资之一。2019 年,苹果公司获得联合国全球气候变化行动奖(UN Global Climate Action Award)。

2020 年 7 月,苹果公司在中国的首家直营店全新开幕,新店位于北京三里屯太古里的开放广场,与旧址相邻,店面面积是原来的两倍。新店设计采用了中国风元素,屋顶上的集成式太阳能阵列美观大方。

三

近年来,中国的绿色建筑正逐步从可自行选择的方式走向了有国家标准的强制要求。2019年1月,我国发布了《近零能耗建筑技术标准》,并于2019年9月1日起正式实施。

清华大学的环境节能楼是中国"绿色建筑"的典范之

一。环境节能楼由意大利政府和我国科技部共同建设,由意大利著名建筑设计师古奇内拉(Mario Cucinella)设计,主体建筑为地上10层,地下2层,总建筑面积为2万平方米,是一座融绿色、生态、环保、节能理念于一体的智能化教学科研办公楼。该楼遵循了可持续发展原则,体现了人与自然融合的理念,展示了人文与建筑、环境及科技的和谐统一。

每次经过节能楼时,最让我感触的是那些向南方长长延伸的平台,上面放了不少太阳能板。楼里的维修人员告诉我,这样的设计在夏天能挡住阳光并发电,在冬天也不会因为太阳光入射角比较低而影响室内光线。

今天,随着科学技术不断发展进步,建筑光伏一体化(Building Integrated Photovoltaic,简称BIPV)技术已经逐步成熟。

2018年11月,国内首座铜铟镓硒($CuIn_xGa_{(1-x)}Se_2$,简称CIGS)薄膜建筑光伏一体化示范建筑在广东潼湖科技小镇启航。CIGS薄膜太阳能电池将铜、铟、镓、硒四种元素作为光吸收层的材料,目前实验室里的光电组件效率已经不低于17.6%,中国大规模商业化的CIGS组件生产线也正在施工过程中。有趣的是,CIGS组件和智能手机触摸屏的生产工艺竟有一些相通之处。一家深圳的智能手机触摸屏公司,几年前还投资入股了一家CIGS薄膜太阳能工厂呢!

以前,玻璃幕墙虽然轻盈亮丽,但容易造成光污染。现在,潼湖科技小镇光伏幕墙不仅弥补了这一缺陷,还起到了节能环保的作用。随着科技的进步,原来略显笨重的单晶硅光伏组件也开始身轻如燕,进军建筑光伏一体化市场。

在多种技术路线和产品的激烈竞争中,建筑光伏一体化也许可以真正从示范项目走向大规模的应用。

四

根据苹果公司2020年环境报告,整个公司2019年的碳排放量为2510万吨。其中,办公运营的碳排放基本为0,从原材料生产、产品制造、运输到使用的全生命周期排放占全公司碳排放的95%以上。以iPhone 11 pro Max为例,一台设备的全生命周期大概排放86千克的二氧化碳,其中78%由制造环节产生,3%由交通环节产生,18%是全生命周期使用的电力导致的排放,剩下不到1%是末端回收处理。按照目前国际上比较高的30美元/吨的碳价计算,一个iPhone的碳排放不到3美元,对产品的售价影响很小。

2020年7月,苹果公司宣布,在实现全球运营排放碳中和的基础上,又承诺到2030年实现供应链和产品100%碳中和,这意味着公司的数百家制造供应商都需要100%转用可再生电力。苹果公司分析了自己产品中的45种材料,发现有14种材料需要优先转为循环利用或可再生资源,即铝、钴、铜、玻璃、金、锂、纸、塑料、稀土元素、钢、钽、锡、钨和锌。

苹果公司资助力拓公司(Rio Tinto)和美国铝业公司(Alcoa)开展无碳电解铝研究。力拓公司集矿产资源勘探、开采及加工于一体,主要产品包括铁、铝、铜、钻石、硼砂、高钛渣、工业盐、铀等,主要资产分布在澳大利亚和北美洲。2018年,力拓公司宣布与美国铝业公司建立新的技术合作,进一步开发业内首项无碳电解铝生产技术。现在广泛使用的碳阳极在电解过程中会排放出大量二氧化碳，但若把碳阳极改成一种惰性材料做的非碳阳极，就可在电解过程中不再释放二氧化碳。如今，苹果公司的部分产品已经开始用上了这种无碳铝材。一位网友感叹道："苹果致力于手机原材料的低碳进步，无愧于乔布斯为苹果手机赚下来的巨额现金啊！"

铝是建筑行业的主要材料之一，钢材更是如此。一些现代化的钢铁工业，也在加快以废钢为原料的电炉炼钢步伐，大幅降低了焦炭的使用量。当我在一家华东地区特大型钢铁厂调研时，钢厂领导告诉我，电炼废钢的工作环境是这座现代化钢铁厂中最为恶劣的。化废为宝，宏观上无疑是好事，但是微观上还有很多环保问题需要解决！

2019年，苹果公司通过中美绿色基金创立了1亿美元的特别基金，以此激励供应商进行能效改进和可再生能源使用。除了产品本身的品质和性价比外，供应商的碳管理能力也将左右苹果公司的选择。这是挑战，更是机遇。

在2020年苹果公司碳中和的一个宣传片中,苹果公司向床上睡着的一个婴儿承诺,10年之后公司将实现碳中和,婴儿满意地笑了。在婴儿睡觉的这个房间里,又会有多少产品在碳中和的时代大潮中快速迭代创新,与他(她)一起成长呢?从智能手机产业链中实现资金和技术原始积累的中国企业家,有的正在进军智能家居,从中国智造到中国设计,又会给我们的生活带来哪些惊喜呢?

行

4 电氢社会的"声音"和"颜色"

在北京汽车博物馆的"汽车与文化"展厅,一个汽车广告《宇航员的回忆》给我留下了深刻的印象。曾经的宇航员在年老后,整天对着昔日的照片郁郁寡欢。归来的儿子看到父亲的背影,若有所思。他把父亲带到门外,一辆汽车静静地停在月光下。老人接过儿子递来的钥匙向车走去,仿佛看到那个走向"土星五号"的自己。他坐进去,轻抚方向盘,按下启动键。这时,当年的宇航员和今天的老爷子画面交织重叠,宇宙飞船和汽车来回转换。在明月高悬、风驰电掣、峰回路转之际,老爷子终于露出了一丝微笑。

一

一百多年来,汽车实现了人类自由移动的梦想,改变了人们的生活方式,而百年汽车的技术变迁,更是波澜壮阔。

1769年,法国人古诺(N. J. Cugnot)发明了第一辆蒸汽汽车。1834年,苏格兰人安德森(Robert Anderson)发明了第一辆电动汽车,这辆汽车技术简单,采用的蓄电池是不可再充的。半个世纪后的1885年,本茨(Karl Benz)发明了第一辆内燃机汽车。那时候,蒸汽汽车速度可以达到60千米/时,而内燃机汽车和电动汽车的速度只有30—40千米/时。但是,蒸汽汽车离不开带水箱的锅炉,而且要用煤或者木材作为燃料,车体庞大,操作困难,行驶时浓烟滚滚。内燃机汽车没有电子点火装置,像拖拉机一样,采用手摇柄启动;没有消声器、减震器,噪声大、震动剧烈;汽油品质不高,被德皇威廉二世(Wilhelm Ⅱ von Deutschland)戏称为"臭味车"。而电动汽车则因其噪声小、没有"臭气"排放、启动加速性能好、受寒冷气候影响小等优点,在20世纪初很快流行起来,在汽车保有量中占到了1/3,尤其深受医生和女士的喜欢,世界上第一辆电动救护车也由此诞生。

但是,随着交通基础设备的完善,特别是"一战"和"二战"对汽车机动能力的要求,20世纪30年代之后,民用电动汽车暂时退出了历史舞台,而电动运货车等专用领域的电动汽车,则在艰难中维持着电动汽车的存在。"二战"后,为了应对由汽车引起的石油资源消耗、环境污染严重等问题,特别是为了应对气候变化,电动汽车又开始起死回生,出现了特斯拉、比亚迪等一批代表性的企业。

电动汽车产业链长,涉及上游的锂镍钴等材料、中游的电池生产、下游的整车制造及运营。2019年3月22日,上海证券交易所官网公布了第一批科创板IPO企业名单,共有9家企业榜上有名,涵盖锂电池、医药、半导体等科技创新领域。电动汽车产业链公司占据3席,均和锂电池紧密相关:一家公司从事锂离子电池正极材料研究与制造,主要开展三元正极材料及其前驱体的研发、生产和销售;一家公司的主营产品是碳纳米管等纳米级碳材料,碳纳米管是动力锂电池的主流导电剂;另一家公司专业从事锂电设备、汽车、精密电子等领域的高新技术设备制造,锂电池智能制造是其主要收入来源。

锂被誉为"工业味精",全球已探明储量主要分布在南美"锂三角"(玻利维亚、智利、阿根廷三国交界处的普钠高原地区),以及澳大利亚、中国、美国等国家。全球锂矿床可划分为硬岩型和盐湖卤水型两大类。其中,澳大利亚硬岩型锂矿须经过粉碎、选矿、磨矿、1100 ℃高温焙烧、250 ℃硫酸溶解浸出、加碱过滤沉淀等复杂工序才能生产出碳酸锂,而南美"锂三角"盐湖卤水中的锂为可溶态的锂化合物,直接经晾晒、蒸发浓缩即可分离出高浓度含锂卤水,再经过提纯即可生产碳酸锂,生产工艺相对简单。

《商业周刊/中文版》2021年1月刊报道,美国加利福尼亚州索尔海(Salton Sea)地区正在大力发展锂行业,从地热发电厂的卤水中提取锂资源,试图打造电动汽车电池产业链,形成新时代的"锂谷"。有行业专家认为,该地区锂资源储量极为丰富,这不禁让我想起了当年的加州"淘金梦"。

2018年,中国新能源汽车的产销分别完成了127万辆和125.6万辆,连续多年位居世界第一,但在近3000万辆的汽车产销量中仍然只是一个"小萝卜头"的角色。不过,在一位资深的新能源汽车行业分析员眼里,2018年却是电动汽车的拐点,原因之一是电动汽车正在从政策驱动走向市场驱动。政策驱动下的主流电动汽车价格往往在15万元以上或者5万元以下,而现在爆款的电动汽车价格大约在10万元左右,和汽油车的爆款车型相当。价格定位是老百姓买车的第一考虑,电动汽车爆款车型的大众化,标志着电动汽车真正走向大众时代。

2019年,德国宝马汽车公司总部大楼的造型由"四缸发动机"摇身一变,成为4节上白下蓝的电池形状,并且显示"THE FUTURE IS ELECTRIC."的英文,意为"未来属于电力",标志着一个新时代的到来。

二

错过电动汽车资本盛餐的投资商们开始嘀咕:"原来,汽车这么庞大的产业也可以颠覆啊!那,汽车业的下一次风口会在哪里呢?"有人把目光瞄向了氢能源汽车。

氢能是一种绿色、高效的二次能源,既可以利用传统的化石能源(煤炭、石油、天然气等)制取,也可以通过可再生能源(风能、太阳能等)由电解水的方式制取。氢燃料的热值高,为液化天然气的2.5倍、汽油的3倍。电解水是可逆反应,氢气和氧气,可以在催化剂的作用下,通过燃料电池转化为水,同时产生电能、释放热量。试想一下,当你坐在氢燃料电池车上，一边享受着氢能动力，一边喝着燃料电池排出的干净的水，是否很酷爽呢？其实，太空舱里的宇航员，就是这么解决喝水问题的！

目前，除了成本较高外，氢能的硬伤是容易爆炸。氢气的爆炸极限是4.0%—75.6%（体积分数），意思是如果氢气在空气中的体积分数在4.0%—75.6%时，遇火源就会爆炸；而当氢气体积分数小于4.0%或大于75.6%时，即使遇到火源，也不会爆炸。但是氢气无色、无味，泄漏时很难被发现。

一位电厂的化学专工和我聊起电动汽车与氢能源的安全性时说，如果电动汽车的电池爆炸，大家会认为是意外；但如果是氢气爆炸，大家的反应会是："你看，我没说错吧！氢能源汽车果然爆炸了！"其实，只要设备先进、操作规范、管理到位，安全是可以保障的，像火电厂通常采用氢循环冷却的发电机，一直是电厂自己产氢，很少发生事故。

目前，欧洲、美国和日本等发达地区及国家已开发出多款氢燃料电池汽车，并配套建设加氢站。2017年，宝马、奔驰、通用等公司都开始商业化发售氢燃料电池汽车；日本在氢燃料电池领域的专利已超过1500件。

自2011年以来，我国政府相关部门开始推动包括氢燃料电池和相关产业在内的氢能产业发展，但目前国内在燃料电池技术发展、氢能产业装备制造等方面相对滞后。2018年2月，跨学科、跨行业、跨部门的中国氢能源及燃料电池产业创新战略联盟在北京成立，统筹推动制氢、储运氢、加氢基础设施，以及燃料电池应用等全产业链的技术突破与产业应用。

三

在浙江宁波开发新能源小镇时,为了争取一个项目的开发权,我正积极考虑如何提供项目开发的附加效益。当时,一家新能源公司正在全国进行加氢站的选址,提出可以考虑在当地进行加氢站的布局。但是经过深入调研论证后,我们放弃了在当地建设加氢站的设想,因为当地已经投巨资建设了一座电动汽车工厂,"一山不容二虎",当地政府对建设氢能基础设施不感兴趣。

其实,电和氢同属二次能源。从短期看,由于不同地区人口密度和环境容量的差别,在大城市无论是使用电动汽车还是氢能汽车,都是将电能和氢能在生产过程中造成的污染进行了转移。显然,根本的解决方案是要实现电能和氢能在生产过程乃至全产业链的清洁低碳。

在《中国氢能产业基础设施发展蓝皮书(2018)》中,按照氢气制取工业路径,把制氢技术分为热化学法、工业副产氢提纯制氢、水电解制氢、太阳能光催化分解水制氢和生物制氢。其中,热化学法是指以煤、天然气、甲醇、生物质等为原料,经过气化、裂解或者部分氧化等热化学反应,再经过净化、CO变换、提纯等生产过程获得一定纯度的氢气。太阳能光催化分解水制氢是通过光催化剂粉末或电极吸收太阳能产生光生载流子,继而将水分解成氢气和氧气,目前尚处于研究和试验阶段。生物制氢是以生物质、有机废水等为原料,通过微生物新陈代谢产生氢气,目前仍处于研发和中试示范阶段。

在全球变暖的背景下,有人把氢能分为灰氢、蓝氢和绿氢。如果氢能的产生过程不产生二氧化碳,如用可再生能源制氢,则为绿氢;如果氢能由化石能源产生,需要排出大量二氧化碳,则为灰氢;而如果把排出的二氧化碳进行捕捉、封存和利用,则就变成蓝氢了!目前,灰氢的造价远低于蓝氢和绿氢,但是如果把灰氢用在氢燃料电池车上,还需要进行氢气精准提纯。本质上讲,不同能源之间的竞争都是全产业链的竞争。在通往氢能的路上,也许目前应先建立统一战线,在对绿氢进行科技攻关和项目示范的同时,通过灰氢的量大价廉优势,做大做强氢能下游产业链,培育氢能用户群,然后在合适的时候,随着氢能下游产业链的成熟和绿氢、蓝氢的成本下降,逐步走向绿氢、蓝氢的大规模应用。

按照同样的思路,电力也可以分为灰电、蓝电和绿电。曾经,一位中国传媒大学导演系的研究生一本正经地问我:"据说用高精度的耳机能够听出不同电力的差别,水电清晰、风电散漫、火电杂音较多、核电颇有摇滚范儿……"我告诉她,这只是段子,不同来源的电力使用起来其实是同质化的。

在2022年北京冬奥会绿色行动计划中，所有场馆都将实现100%的清洁能源供电。那么，为冬奥会服务的电动汽车和氢能源汽车，又会是什么"颜色"呢？据报道，2020年9月，具有中国自主知识产权的"氢腾"燃料电池产品步入产业化推广阶段，2022年预计给北京冬奥会提供1000辆氢能公交车。

环境篇

坝

5 | "半马"选手

中华鲟

"大江东去，浪淘尽，千古风流人物。故垒西边，人道是，三国周郎赤壁。乱石穿空，惊涛拍岸，卷起千堆雪。江山如画，一时多少豪杰。遥想公瑾当年，小乔初嫁了，雄姿英发。羽扇纶巾，谈笑间，樯橹灰飞烟灭。故国神游，多情应笑我，早生华发。人生如梦，一尊还酹江月。"宋代文豪苏东坡的《念奴娇·赤壁怀古》荡气回肠。千年之后，当我们再次来到赤壁，来到长江边，怀念的可能不只是三国周郎，还有那些与低碳水电开发紧密相关的珍稀鱼类。其中，中华鲟具有承上启下的典型意义。

一

白鱀豚是中国特有的淡水鲸类，仅产于长江中下游。20世纪80年代以来，由于种种原因，白鱀豚种群数量锐减。在野外得到证实的最后一头白鱀豚，是2004年8月在长江南京段发现的，当时已经搁浅死去。

2018年6月，中科院水生所研究员刘仁俊来到《朗读者》节目组，分享了他与白鱀豚"淇淇"的故事。1980年1月11日，约2岁的"淇淇"在靠近洞庭湖口的长江水域，被湖南省城陵矶渔民捕获。当晚8时，刘仁俊接到从城陵矶水产收购站打来的长途电话后，借了一辆破旧吉普车就和同事冒着风雪赶去。看到被麻绳拖在船尾、伤痕累累的"淇淇"时，刘仁俊十分心疼，立即连夜将它运回中科院水生所。"它很聪明，不高兴时会朝我喷水，有一次差点咬到我，看见是我，马上松开了！"从1980年1月12日下午5时至2002年7月14日早晨8时，在武汉200平方米的池子里，"淇淇"生活了22年半。刘仁俊和同事们始终悬着一颗心，怕淇淇吃不好、身体不健康，甚至怕它不高兴。他们运用了人类对动物最体贴的关怀来温暖和关爱这只雄性白鱀豚，犹如我们在重症病房陪伴着家人度过人生的最后一段时光。

2006年，在农业部领导下，中科院水生所组织了长达38天的考察，但始终未见白鱀豚踪影。考察结束时，一位德国姑娘，本次科考的志愿者之一，双手抓住科考船的栏杆，眼里流着泪水，迟迟不肯下船。她对前来安慰他的科考总指挥说："如果我现在下船，可能意味着我再也没有机会在长江目睹白鱀豚的身影了。"

在中国专家的坚持下，2018年11月14日，《世界自然保护联盟濒危物种红色名录》更新发布，白鱀豚未被宣布野外灭绝。但是，白鱀豚的功能性灭绝已经成为共识。

白鱀豚为长江的生物多样性亮出了红牌，环保人士的呼声振聋发聩："你们已经灭绝了白鱀豚，还想灭绝什么？"

二

2017年，我参加中国长江三峡集团有限公司（以下简称"三峡集团"）调研时，老实说，给我印象最深的并不是雄伟的三峡大坝和发电设备，而是三峡生态系统中的动植物保护与研究基地。三峡集团的朋友告诉我，这些生态环境保护实验室，已经成为三峡集团参观调研的新热点了。

白鱀豚灭绝后，中华鲟的保护成为三峡集团的重点。中华鲟是中国一级重点保护野生动物，也是活化石，具有很高的科研、药用和观赏价值，主要分布于中国、日本、韩国、老挝和朝鲜。夏秋两季，生活在长江口外浅海域的中华鲟洄游到长江，历经3000多千米的溯流搏击，回到金沙江一带产卵繁殖。产后待幼鱼长大到15厘米左右，又携带它们旅居外海。它们就这样世世代代在江河上游出生，在大海里生长。中华鲟生命周期较长，最长寿命可达40龄。

20世纪80年代，葛洲坝水电站建成，大坝在湖北宜昌阻挡了中华鲟从大海回到金沙江老家的步伐，中华鲟回家的"全程马拉松"变成了"半程"。同时，由于长江水污染、众多船只螺旋桨的暴力袭击等原因，野生中华鲟数量锐减。三峡集团成立后，开展了大规模的中华鲟人工养殖，并通过与华大基因等公司合作,开展了中华鲟的基因研究与基因储存。现在,三峡集团每年都进行中华鲟放流活动。2017年4月8日,500尾大规格全人工繁殖子二代中华鲟在湖北宜昌放流长江,这是三峡集团中华鲟研究所开展的第59次中华鲟放流活动。此次放流的中华鲟最大的已有6岁,最小的也有3岁,平均体长110厘米,平均单体重量达到5.5千克。

2017年9月,央视网报道,据宜昌市渔政管理处监测,这一区域目前共生活了不少于12头江豚,为近10年来罕见。江豚俗称"江猪",长江江豚是全球唯一的江豚淡水亚种,在地球上生存已超过2500万年,主要分布在长江中下游干流以及洞庭湖和鄱阳湖等区域。由于自然环境变迁、河流水位下降、水质污染等因素影响,近20年来江豚种群量快速衰减。宜昌市出台规定,长江沿线1千米范围内将不再布局任何新的工业企业,以保护长江生态系统,保护江豚等珍稀水生生物的生活环境。

看了央视网的报道,网友们群情激奋。一位长江边长大的网友回忆起小时候看到的波光粼粼江面上的江豚,充满了向往。

"那,江猪好吃吗?"一个"吃货"傻傻地问。

"都说是江猪了,你说呢?"网友反问。

根据专家估算,目前江豚的数量只有1000头左右,属于濒危物种,国家不允许食用。也许,只有在长江大保护战略成功实施、江豚数量大幅提升后,"吃货"们才可能一饱口福。

因为被吃,很多生物灭绝了。

因为被吃，很多生物延续了。

人与自然的关系，就是这样微妙。

三

2012年7月4日，三峡电站最后一台水电机组投产，装机容量达到2240万千瓦，成为世界上最大的水电站。在管理运行好三峡工程的同时，三峡集团还在金沙江下游投资了溪洛渡、向家坝、乌东德、白鹤滩4座世界级巨型水电站。这4座巨型电站总装机容量达到4646万千瓦，相当于两个三峡工程，总投资约5000亿元，与集团已有的三峡、葛洲坝水电站一起构成一条世界上最大的清洁能源走廊，它们减排的大量二氧化碳，对全球气候变暖做出了积极贡献。水电站群巨大的库容量极大地改善了长江的抗洪能力，也使长江沿岸的主要工作从持续开展抗洪走向大力治污。

20世纪"五十六十年代淘米洗菜，七十年代农田灌溉，八十年代水质变坏，九十年代鱼虾绝代"，这句民谣同样适用于长江流域。今天的长江，经过改革开放40年来激流勇进的大开发、大建设，是时候去改变，也有能力去改变了。其中，污水治理是核心，化工厂治理是主体，同时需要各行各业的共同努力。例如，长江边的养猪场如果处理不好，就可能是很大的环保隐患。

据初步测算，长江大保护战略需要数万亿资金的投入，而这种生态投资的经济效益尚不明确。因此，如何基于财政资金、国有企业与社会资本的不同属性特点，构建可持续发展的基金运作模式，是一个大的命题。而通过产业升级提升长江流域的科技创新能力和价值创造能力,则可以一方面提高生态产品的价格承受能力,一方面保障污染企业退出后的人员就业与社会发展。

如今,三峡集团作为生于长江、长于长江、发展于长江的实力雄厚的中央企业,在继续拓展清洁能源版图、大力发展海外水电与海上风电的同时,正在以宜昌、岳阳等城市为试点,在长江大保护战略中发挥骨干主力作用,反哺长江母亲。每天,前来三峡集团调研的企业络绎不绝。只是,以前的调研主题主要是水电建设,如今则是污水治理。

四

2020年年初,长江白鲟灭绝的新闻刷爆了网络,很多人第一次听说它的名字就是它灭绝的时候。白鲟是长江中的"活化石",有人哀叹它在长达1.5亿年的漫长年月里,游过了白垩纪,在恐龙大灭绝中幸存,却在21世纪初停止了游动。专家认为,长江白鲟的灭绝可能有3方面原因:过度捕捞、严重水污染和人工建筑物的隔阻。白鲟个体巨大,人工养殖的活体样本极少。尤为遗憾的是,在白鲟的人工繁殖获得成功之前,最后一条人工养殖的白鲟也不幸死亡了。

值得庆幸的是,达氏鲟、胭脂鱼这两种珍稀鱼类已经和中华鲟一样,人工繁殖获得成功,并且不断地通过增殖放流,回归了长江。如今,在长江上游的水电项目开发中,已通过开设鱼道等多种途径保护各种鱼类。

根据国家统一安排,从2020年起,在长江干流和重要支流,除水生生物自然保护区和水产种植资源保护区以外的天然水域,实施长江十年禁渔计划。据统计,长江渔业资源年均捕捞产量不足 10 万吨,仅占中国水产品总产量的 0.15%。现在我们食用的鱼类大多是人工养殖的。遥想一下,十年禁渔期之后,长江的渔业资源会给我们带来什么样的惊喜呢?

像中国这样的能源生产消费大国,水电,对于碳达峰、碳中和具有特殊的意义。进入 21 世纪,中国水电建设速度明显加快:2004 年水电装机容量突破 1 亿千瓦,2010 年突破 2 亿千瓦,2019 年底已经达到 3.56 亿千瓦;一些新的水电项目还在积极推进,并形成"水电+光伏"、水电制氢等新业态。鱼和水电,需要在较长一段时间内和谐共处,"半马"选手中华鲟和它的鱼类小伙伴们,做好准备了吗?

⑥核

走出福岛：
"暖瓶""蜡烛""火龙果"

东野圭吾，日本大阪府立大学电气专业毕业生，推理小说作家。好几次，我在书店里和他的小说擦肩而过，直到一个深夜，我看到电影《祈祷落幕时》。电影根据东野圭吾2013年出版的同名小说改编，讲述了20世纪90年代日本经济泡沫破灭后，一对父女艰难生存的故事。父亲为了守护女儿，一直隐姓埋名于各个核电站与放射性物质打交道，而他工作的第一站就是因核泄漏事故而震惊全球的福岛核电站……所有谜底，在女主人公作为导演的舞台剧落幕时得到了揭晓，而人类对新一代核电安全性的探索，却刚刚拉开序幕。

一

2011年3月，日本发生9.0级大地震，造成东北海岸4个核电厂的多个反应堆自动停堆。地震引发了大海啸，海水淹没了核电站的备用柴油发电机组，导致核电站彻底丧失将冷却水打入核反应堆的外在动力，福岛第一核电厂1、2、3号机组在堆芯余热的作用下迅速升温，锆金属包壳在高温下与水作用产生了大量氢气，随后引发了一系列爆炸，放射性物质泄漏到外部。福岛核泄漏事故等级与苏联切尔诺贝利核事故同级。

福岛核泄漏事故发生后，美国西屋电气公司（Westinghouse Electric Corporation）的先进非能动压水堆安全系统（Advanced Passive PWR，简称AP）备受关注。AP1000单机输出功率100万千瓦，安全防线是装水量数千吨的大水箱，一旦遭遇紧急情况，不需要交流电源和应急发电机，只须利用地球引力、物质重力、气体膨胀、密度差引起的对流、蒸发、冷凝等自然现象，就能驱动核电厂的安全系统，巧妙地冷却反应堆堆芯，带走堆芯余热，并对安全壳外部实施喷淋等措施，从而恢复核电站的安全状态。一旦事故发生，允许核电站操作员72小时不干预，系统可以自动应对事故，降低人为失误风险，而目前世界上正在运行的核电站，一般不干预时间仅为10—30分钟。中国的浙江三门核电站和山东海阳核电站是全球首批采用AP1000三代技术的核电站。

2015年，我在山东海阳核电站调研时发现，在核反应堆上面放着一个大大的水箱。工作人员介绍说，核反应堆加上上面的水箱，就像个暖瓶一样。我心里暗想，这也许是世界上最昂贵的"暖瓶"吧！

AP1000的理念很好，但是建设过程却一波三折，特别是主泵技术含量高、结构复杂、制造难度大，经多方共同努力，终于通过严格的试验。2018年和2019年，浙江三门核电站和山东海盐核电站的4台机组陆续通过168小时满功率连续运行考验，具备了商业运行条件。

在消化、吸收AP1000的基础上，核电人又开发出新的核电型号"国和一号"（又称CAP1400）。"国和一号"将核电站单机输出功率从100万千瓦提升到150万千瓦，通过增加钢制安全壳厚度和直径扩大核岛空间，重新设计研制蒸汽发生器，大幅度优化主泵流量、主管道流通截面，提升电站总体性能。据介绍，通过广泛使用非能动设计，相比传统电厂，"国和一号"大幅减少了安全级阀门、管道、电缆、泵、控制装置和抗震厂房等的数量。

二

2017年11月27日，作为泰拉能源公司（Terra Power）董事长的盖茨当选中国工程院外籍院士。面对全球变暖的严峻形势，盖茨看好核能在低碳方面的作用，投资了泰拉能源公司，推动行波堆核电的技术开发与商业化应用，并与中国核电企业开展了一系列合作。

行波堆的主要优势是，将贫铀浓缩过程产生的副产品逐步转化为核燃料加以利用，而无须将其从反应堆堆芯中移出，从而减少了核扩散可能性，降低了核燃料循环的总体成本，并保护了环境；该技术可以在大气压下运行，从而消除了与压力有关的不稳定事件发生的可能性;预计产生的总废物量只等于大约1.5辆有轨电车的容量。

在外界看来,行波堆具有科幻般的色彩,但在核电专家看来,行波堆则是一种先进的快堆。目前,世界上已商业运行的核电站堆型主要利用核裂变燃料,即使再利用转换出来的钚-239等易裂变材料,它对铀资源的利用率也只有1%—2%。但在快堆中,占天然铀绝大部分的铀-238原则上都能转换成钚-239而得以使用,但考虑到各种损耗,快堆可将铀资源的利用率提高到60%—70%。快堆不仅可以用于燃料增殖,还可以用于将长寿命放射性核素嬗变成短寿命放射性核素,大大减少高放射性废物的污染。

美国从20世纪40年代开始快堆技术研究,是世界上最早研究快堆的国家,1946年建成第一座快堆,之后先后建成并运行了7座快堆。法国从20世纪60年代至今也设计和建设了3座快堆,是世界上第一个建设并运行过大型商用快堆的国家。俄罗斯在建设和运行快堆方面也有丰富的经验。

2011年7月,中国实验快堆首次实现并网发电,并于2014年12月首次实现满功率运行72小时。在这一过程中,中国实验快堆总工程师徐鉠院士的坚守感动了很多人。1968年,31岁的他正式进入快堆的科研队伍。那时候,高浓铀十分紧缺,当年快堆实验用的50千克高浓铀是经周恩来总理特批的。1971年,国家一声令下,快堆队伍来到了"三线"——四川夹江。科研经费短缺和技术路线不明确,导致许多人放弃。1985年前后,原本300余人的快堆队伍在短短一年里走得只剩下100多人……而徐鉠却放弃了去国际原

子能机构和大亚湾核电站工作的机会,在1985年成功说服
了研究核聚变物理的王淦昌院士支持快堆。

中国实验快堆部分采用了俄罗斯的快堆设备和系统技
术方案。快堆采用液态钠作冷却剂,堆芯功率密度高,钠液
出口温度高达530℃,技术比较复杂。为保证快堆运行的安
全可靠,在与俄罗斯方面谈判时,一向随和的徐銤坚持采用
非能动余热导出系统的方案,以此确保在万一发生事故时,
可以不用人工操控就自动把余热导出,从而防止堆芯熔
化。在艰难谈判3次后,俄方同意了。后来的试验证明,徐
銤的方案是可行的。

有人把行波堆比喻成蜡烛,将核燃料吃干榨尽。快堆
的大规模商业化,还有很多技术问题需要攻克。蜡烛精神,
是快堆核燃料的追求,也是快堆人的生活方式。

三

在一次核电会议上,有位研究人员在讲高温气冷堆时,
曾用火龙果来形容。原来,在高温气冷堆中,需要大量的球
形燃料。以清华大学研发的1万千瓦高温气冷堆为例,需要
把核燃料做成直径为0.5毫米的核芯,再在其周围依次包上
三层碳和一层碳化硅,形成直径1毫米的包覆颗粒,然后再
把8000个包覆颗粒弥散在石墨中,制成直径为6厘米的燃
料元件球。

高温气冷堆以化学惰性的氦气为冷却剂,以石墨为中
子慢化剂,采用陶瓷包覆颗粒球形燃料元件,氦气在反应堆
堆型中可以被加热到750—1000℃。高温气冷堆的安全优

势是功率密度低,并可以通过对包覆颗粒的设计、材料和工艺上的严格管控,进一步防止燃料颗粒被烧毁。

早在1974年,清华大学核研院就开始了球床高温气冷堆的探索性研究。1981年,核研院的王大中远赴当时的联邦德国求学。在导师指导下,王大中从德语零基础到用德语进行博士论文写作及答辩,仅花了一年零九个月的时间。他留德期间的科研选题"模块式中小型高温气冷堆的设计和研究",为中国2003年成功修建世界第一座第四代模块式核反应堆(1万千瓦)奠定了理论基础。

2004年,清华大学对高温气冷堆固有安全性进行验证试验:在反应堆正常运行时切断电源,模拟最严重的事故状况,结果反应堆在没有人为干预的情况下,依靠自身应对措施安全地停了下来。国际原子能机构(International Atomic Energy Agency,简称IAEA)专家组现场见证了试验过程,并给予高度评价。但同时,低功率密度也造成了目前高温气冷堆体积庞大、造价高昂的不足。

2012年,世界首座20万千瓦级高温气冷堆示范电站在山东荣成开工建设。示范电站设了两个反应堆模块,每个模块中大约有42万个直径为6厘米的燃料球,每个燃料球里有1.2万个直径为0.92毫米的颗粒燃料。通过欧盟长周期辐照考验验证,颗粒燃料元件可以在1250—1350 ℃下长期运行,达到了反应堆出口氦气平均温度1000 ℃的要求。

在积极推进20万千瓦示范工程的基础上,高温气冷堆正在向60万千瓦模块式商业化机组推进。这项工程的意义在于:利用固有安全性的优势,替代中小煤电机组,开发移动式气冷堆；利用氦气出口温度高的优势，为制氢、海水淡化提供能源保障；利用模块化优势，为电网规模不大的"一带一路"沿线国家提供中小机组。

1972年，在法国皮埃尔拉特铀矿分析实验室里，化验员惊奇地发现：一批来自非洲中西部加蓬的铀矿石中的铀-235含量最低只有0.29%，而正常的铀-235含量应该是0.72%。当研究人员来到加蓬的奥克洛矿区后，竟意外地发现了20亿年前发生自然裂变反应后留下的天然原子核反应堆。据分析，这些相当于100千瓦的核反应堆，在每30分钟裂变后会有2.5小时的间歇，这是因为核裂变需要矿井水，而核裂变后释放的热量会烘干水分，直到新的河水渗透到岩床，才会再次启动核反应。如今，奥克洛矿区的天然原子核反应堆早已停止了运行，而中国的"华龙一号"等核电品牌正走向世界。在不断增加核电自身安全性的同时，放射性废物和核武器扩散始终影响着社会大众对核电发展的态度。美国核动力奠基人温伯格（Elvin Weinberg）认为，核能科学家好像在推动核电与人类进行一场浮士德式的灵魂交易：一方面，核电为人类提供了一种几乎取之不尽的新能源；但另一方面，为了防控核电风险，人类社会必须付出代价，那就是要建立一种前所未有的、特别安全与稳定的新社会制度。

塑

7

生物塑料：
从国际旅游岛启航

　　今天，在全球变暖的背景下，玉米、甘蔗、甜菜等农产品又开始成为塑料界的生产原料。其实，早在1940年，这种生物塑料就和刚刚萌芽不久的石化塑料展开了激烈的市场竞争。那一年，福特（Henry Ford）邀请记者们参观他的汽车工厂，当他举起斧头砍向由大豆塑料制成的汽车面板时，面板却像橡皮球一样，很快弹回原状，这一场景征服了现场所有记者。1941年，"珍珠港事件"爆发，石化塑料由于量大便宜，迎来了发展的春天，以致现在人们一提到塑料，第一反应往往是石化塑料，而忘记了生物塑料的存在。

一

生物塑料有两个不同的概念——生物分解塑料与生物基塑料。生物分解塑料是指在一定条件下能被降解成二氧化碳或甲烷、水以及生物死体的一类降解塑料,而生物基塑料是指原材料中很大一部分为生物质材料。有的石化基塑料(如下文提到的聚乙醇酸,PGA)也是生物分解塑料,而有的生物基塑料(如由甘蔗生产的聚乙烯,BioPE)则不是生物分解塑料,同时具备这两大功能的塑料被称为"生物基生物分解塑料"。

聚乳酸(PLA)是目前全球应用最为广泛的生物基生物分解塑料。聚乳酸的原料是乳酸,可以由玉米、甜菜、甘蔗和陈米等生物质资源合成。通过乳酸合成聚乳酸的方法有两种:一种是一步法,即将乳酸分子直接脱水缩合,去除小分子水,使反应向聚合方向进行;另一种是两步法,即首先制成中间产品丙交酯,再合成聚乳酸。

早在20世纪50年代,已经有公司申请了PLA聚合的专利,但是直到1997年才实现大规模工业化,达到10万吨/年的生产能力。近年来,相关公司不断拓展PLA产品的应用范围,如咖啡胶囊可以在满足咖啡饮用品质的同时,通过工业堆肥的方式实现生物降解。据说,现在全球有2000多家米其林餐厅的咖啡是通过胶囊咖啡机提供的。这是否意味着采用生物基生物分解塑料制成的胶囊更有品位呢?

2020年,经过科技攻关,有的PLA产品已经能与聚丙烯一起在N95口罩中应用,这种口罩不需要静电杀菌,只要通过酒精清洗,就可实现重复使用。

PLA 在土壤中生物降解是比较复杂的过程,降解速度比较慢。在降解过程中,PLA 首先被水解,然后其水解产物被微生物分解成二氧化碳和水。虽然 PLA 号称是可以在土壤中还原的塑料,但只有同时具备高温、高湿和营养源 3 个条件时,才会被快速分解。在常温(25℃)下,PLA 在半年后开始水解,在近一年后开始生物分解。而在高温(60—70℃)、高湿(相对湿度50%—60%)的环境下,PLA 在不到45天时即可完成全部降解过程。如果添加混合物,则共混物可以实现比纯 PLA 更快的降解。

二

像植物用淀粉贮藏糖分一样,自然界中许多微生物都使用一种叫作聚羟基脂肪酸酯(PHA)的聚酯来贮藏能量。

PHA 的合成采用生物发酵法,其工艺流程分为制糖、发酵和产品提取。制糖时,将淀粉和水制成浆液,加入酶和氯化钙,在适宜条件下液化、糖化,获得用于发酵合成必须的碳源——葡萄糖液。发酵时,首先在适当的培养基中的高密度全组分营养介质上培育菌种,然后在限磷、限氮、限氧条件下控制发酵,使细胞逐步积累 PHA 繁殖维生素。产品提取时,可通过溶剂法、酶法、化学试剂法、机械法等多种手段去除微生物中的非 PHA 成分,获得产品。

PHA 的产业化尝试早在20世纪70年代就已开始,但目前仍处于单体装置万吨级的水平。造成 PHA 产品成本较高的因素有多种,如:原材料主要来自淀粉,价格偏高;常规的生产过程需要消耗大量的淡水;为了避免杂菌污染,整个生物反应体系需要进行高压蒸汽灭菌处理。为了降低原材料造价、减少淡水资源消耗、降低甚至取消灭菌过程中的能耗，基于嗜盐微生物的低成本生产工艺应运而生。

嗜盐微生物的生长环境是高盐浓度，有的还喜欢在碱性条件下生存，很难感染杂菌，可实现无灭菌连续式发酵。同时，通过使用海水作为培养基，可节约大量淡水资源。一些嗜盐微生物能分泌各种水解酶，因此可使用各种含有淀粉、纤维素的廉价原材料，甚至富营养废水、厨余垃圾、地沟油等。

近年来，中国科学家在新疆吐鲁番艾丁湖发现了2株嗜盐微生物，其在无灭菌的开放式连续发酵中，表现出了优良的PHA合成能力。让人意想不到的是，PHA不仅可以通过海水培育而成，而且可以在海水中降解。这在白色塑料遍布海洋的今天，无疑是件大好事儿！

三

除PHA之外，还有一种可以在海水中快速分解的塑料——聚乙醇酸（PGA）。

PGA是一种高性能全降解高分子材料，在使用一段时间后可逐渐解聚，并最终降解为对环境无害的水和二氧化碳。PGA材料性能优异，具有良好的生物相容性、机械强度、可加工性以及卓越的气体阻隔性。

最初，PGA主要应用于可吸收手术缝线等高端医用领域，是一个小众市场。随着新的医疗技术的应用，PGA类缝合线的市场需求逐步增加。后来，随着美国页岩气的大发展,PGA由于其高机械强度和可降解性,在页岩气开采中得到广泛应用。油气开采成为PGA当前最大的应用市场,每年北美地区页岩气开采所需的PGA用量在1万吨以上。页岩气的刚需,无意中已成为PGA发展的催化剂。

在技术研发方面,日本吴羽公司(KUREHA)于1995年在世界上率先开发了PGA工业生产技术,2002年在日本福岛县岩木市建成了100吨/年PGA工业试验装置。2008年,生产乙醇酸的美国西弗吉尼亚州杜邦工厂投资1亿美元,建成了4000吨/年的PGA生产装置,构筑了从原料乙醇酸至PGA树脂的一条龙生产体系,并全方位推出各种用途与牌号的树脂产品。

吴羽公司还在不断开拓新的PGA产品市场,其中一个目标就是将PGA运用于灌装碳酸性饮料与啤酒的聚对苯二甲酸乙二醇酯(PET)瓶上。PET塑料瓶是当今使用量最大的饮料包装,在热塑性塑料中韧性较好。PGA对于气体的阻隔性是PET的100倍,在保持二氧化碳流失率不变的基础上,每个塑料瓶在制作中可能减少20%以上的PET使用量。同时,PGA具有独特的水解性,在PET回收工艺中,再生PET的纯度与品质不容易受到影响。

面对PGA日益增长的市场空间,我国一些公司也在加强相关技术研发,积极推进万吨级/年的工程建设。

如今,在强调塑料再循环利用的同时,一些地方开始出台限塑令。作为中国国际旅游岛的海南省提出:2020年年底前,全省全面禁止生产、销售和使用一次性不可降解塑料袋、塑料餐具;2025年年底前,全省全面禁止生产、销售和使用列入《海南省禁止生产销售使用一次性不可降解塑料制品名录(试行)》的塑料制品。究竟什么样的塑料,使用性能优越、降解环境简单,还能够实现全流程低碳排放呢?这是一个值得在海南岛南段"鹿回头"雕像下深入思考的问题。

8 礁 | 珊瑚礁与"现代达尔文"的爱情故事

　　自2019年7月开始一直延续至2020年的澳大利亚山火引起了人们的广泛关注,这次山火造成近30亿只动物死亡或流离失所。山火,澳大利亚年年都有,但规模如此之大,可能和全球变暖的大环境相关吧!其实,和看得见的山火相比,澳大利亚的大堡礁也许更加值得关注。

一

大堡礁位于澳大利亚昆士兰,绵延2000多千米,是世界上最大的珊瑚礁群1981年被列入《世界保护遗产名录》。大堡礁栖息着400多种海洋软体动物和1500多种鱼类,其中很多是世界濒危物种。2017年,BBC拍摄的纪录片《蓝色星球2》,让人们了解并记住了大堡礁。

珊瑚礁就像拥挤的大城市,竞争无处不在,房子、食物、伴侣……皆是争夺对象。

珊瑚虫是珊瑚礁中最基础的生物,它们身材微小,通过吸收海水中的钙质形成坚硬的石灰石硬壳,数以百万计的石灰石硬壳最终形成了珊瑚礁。今天,大多数的珊瑚礁有5000—10 000年的历史。在全球各地的海洋中,珊瑚礁占据的海底面积虽不足1/1000,却为1/4的已知海洋生物提供了家园。

珊瑚虫和一种单细胞水藻存在夫妻一样的共生关系。珊瑚虫为水藻提供住的地方,水藻则为珊瑚虫披上鲜艳的颜色,并通过光合作用为珊瑚虫提供大部分能量,"小家庭夫唱妇随,和和美美"。但是,在全球变暖的背景下,水藻的光合作用能力大大加强,释放出大量的氧气,珊瑚虫的身体承受不了,不得不将水藻赶出家门。五彩缤纷的水藻走了,只留下了白发苍苍的珊瑚礁,而珊瑚虫也因失去营养供应而死亡,这就是所谓的"珊瑚白化"现象。1981年以来,全球多次发生大规模的珊瑚白化现象,甚至有的已经存活了四五百年的珊瑚也死了。

历史上,珊瑚虫曾经间接启发了达尔文(Charles Darwin)

的进化论思想。1831年,22岁的达尔文开始了长达5年的环球考察,并于1835年在太平洋中南部目睹了被珊瑚礁环绕的莫雷阿岛。后来,他提出了海底火山与珊瑚环礁的形成理论:火山慢慢沉到海面以下,留下环状的珊瑚仍旧朝着光线向上生长。这种生物王国的漫长动态变化,验证了达尔文的进化理论。此外,在海水立体分层的热力结构影响下,热带海水往往缺少氮、磷等对生命非常重要的物质,蓝色清澈的海水其实营养贫瘠,生态系统极其丰富的珊瑚礁因此被誉为"海洋沙漠中的绿洲"。这种巨大的不协调当时让达尔文非常困惑,后被称为"达尔文悖论"。

二

今天,澳大利亚的珊瑚学家韦隆(Charlie Veron),因为他的好奇心、探索精神与重大发现,被誉为"现代达尔文"。韦隆在浩瀚的印度洋和太平洋中,考察了全球几百个珊瑚礁,他喜欢和当地老百姓一起乘船去这些地方,然后下潜到海水中调研,一待就是几小时。由他发现的珊瑚品种,超过现在已知品种的1/5。大堡礁曾经的繁华深深地吸引了他,后来大面积的白化现象又让他无比揪心。于是,他想出了一种"曲线救国"的方法。2000年,他联合70位水下摄影师,共同出版了3册《世界珊瑚志》,通过多彩的珊瑚世界,让社会大众喜欢珊瑚,进而关注珊瑚、拯救珊瑚。

让人感动的是,珊瑚还见证了韦隆的爱情故事。20世纪80年代初,韦隆在大堡礁发现珊瑚礁白化,心情极度郁闷之际,他10岁的女儿也不幸溺水身亡。爱女和珊瑚礁叠加的悲惨命运,让韦隆深感世事无常,万念俱灰之下选择了和妻子离婚。1995年,他出版了《珊瑚时空》一书,全面阐述了气候变暖、物种入侵、海水富营养化等多种因素给大堡礁和全球珊瑚礁带来的悲惨命运,而这本书的女编辑则被韦隆的家国情怀感动,后来嫁给了他。

大堡礁的发展动态,也吸引了美国环保作家科尔伯特(Elizabeth Kolbert)前来实地调研。在独树岛,她和气象学家卡尔代拉(Ken Caldeira)一起在夜间的低潮时刻去取海水样本,以便和几十年前另一位科学家记录的测量数据做比较。那晚,他们一起取完海水样本后,天色全黑,亮晶晶的星星像从夜空中穿透而出,让她拥有一种几百年前的探险家第一次发现边缘世界的震撼。在苍鹭岛,科尔伯特则观察到了珊瑚集体排卵排精的壮观景象。大多数珊瑚雌雄同体,能够同时排出卵子和精子,包裹在一个像粉色玻璃珠的囊泡里,囊泡很快破裂,放出去的卵子和精子成功找到伴侣后,就会形成粉色的珊瑚幼虫。那天夜里,她和大家一起穿上潜水服,戴上潜水灯。几乎在一瞬间,无数的珊瑚同时释放囊泡。"这种场景就像是高山上的暴风雨,只不过方向是相反的。水中充满了粉色玻璃珠的洪流,一股脑儿飘向水面,俨然是向上落去的雪。"

三

珊瑚是一种静止的动物,为了抵御天敌,珊瑚演化出多种防御和保护自己的化学物质,是新物种、新基因、新药品等的重要源地。在《本草纲目》中,李时珍注明珊瑚有明目、除宿血的功效。在现代医学中，由珊瑚开发出来的药品已经被用于治疗癌症、阿尔兹海默病、心脏病。珊瑚礁生态圈被誉为"21世纪人类的药品柜"。

面对全球变暖的威胁，一些珊瑚已经"行动"起来了。南太平洋上新喀里多尼亚岛上的珊瑚，出现了非常奇特的现象。那里的珊瑚发出漂亮的荧光，这是珊瑚所产生的化学遮光剂，用于保护自己免受高温伤害，也可以说是珊瑚无声的呼唤，就像被困的人们发出"SOS"的求救信号一样。

韦隆希望能够为珊瑚找到一种新的共生水藻，以更好地适应未来的高温环境；或者找到像鹿角珊瑚那样生长速度胜过白化速度的物种；或者让那些生长在海水深处的珊瑚能够存活下来，为未来的珊瑚重建保留"革命火种"。

幸运的是，在近年来的一项研究中，国际野生生物保护学会（The Wild Conservation Society，简称WCS）的科学家通过全球协作，在印度洋和太平洋沿岸的多个国家发现了450个珊瑚礁，它们仍被大量活珊瑚所覆盖，保存完整。这些地方通常海水温度较低，在海洋温度持续升高的情况下，仍然能够有效呵护珊瑚礁的多样性，因此被誉为"气候避难所"。科学家在欣喜之余，正通过与当地社区紧密合作，采取有力措施保护这些珊瑚礁。

与世界其他海域的珊瑚礁一样，中国南海珊瑚礁一直在南海的生物多样性维护、生态资源供给等方面发挥着重要的作用。中国科学家发现，在当前全球珊瑚礁急剧退化的大环境下，南海珊瑚礁也不容乐观。比如，在过去50年内，南海北部大亚湾海区、海南三亚鹿回头岸礁、西沙群岛永兴岛的活珊瑚覆盖度均大幅下降。

近年来,我国加大了与珊瑚礁相关的科研与人才培养力度。早在1999年,82岁高龄的刘东远院士带着博士生在南沙群岛科学考察珊瑚礁时,就建议建立中国的珊瑚礁研究中心。2014年3月,广西大学珊瑚礁研究中心成立。中心以珊瑚礁学科发展的国际科学前沿和我国在南海岛礁开发利用的实际需求为总体目标,已在珊瑚礁形成、演化及其记录的环境变迁,珊瑚礁对全球变化与人类活动的响应,珊瑚礁生态修复的理论与技术等方面取得进展。

2014年9月,广西大学海洋学院成立,定位以珊瑚礁与生态环境的关系为研究主线。随着招生人数的稳步增加,预计10年内将有近千人学习珊瑚礁知识,这对我国珊瑚礁学科发展、珊瑚礁知识科普、南海岛礁开发与管理专业人才培养将是可观的贡献。

一位研究气候的能源专家对我说,有的人关注全球变暖,只是因为自己喜欢北极熊,也想让自己的小孩长大后能看到北极熊,就是这么简单。的确,这个世界上,有人喜欢考拉,有人喜欢北极熊……它们,都是我们这个共生的生态系统的一部分。正如科尔伯特所说,珊瑚礁广泛分布在北纬30°到南纬30°之间,犹如缠在地球肚皮上的一条美丽腰带。您,也喜欢这条承载着生命奇迹与人生哲理的"腰带"吗?

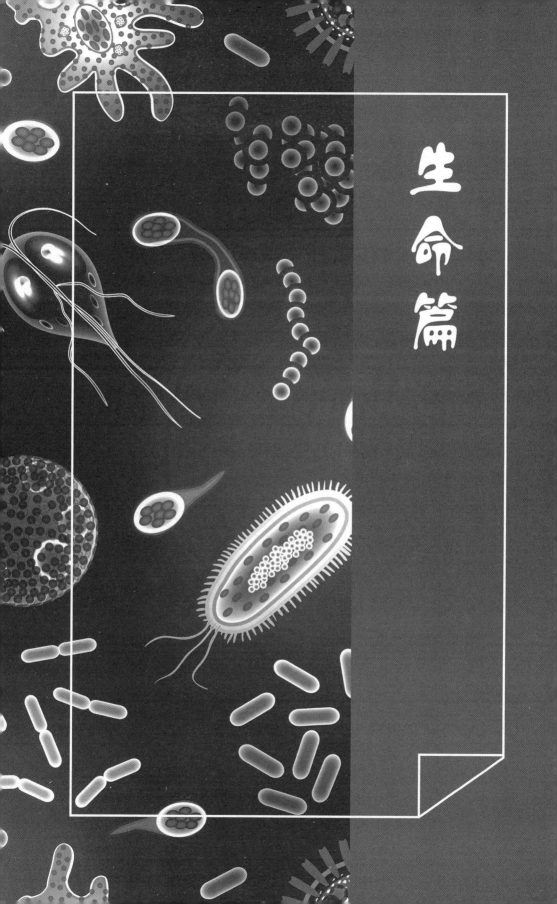

生命篇

智

9

人工智能与全球
变暖的相爱相杀

2020年，电影《美国工厂》荣获第92届
奥斯卡金像奖最佳纪录片奖。这部纪录
片讲述了中国企业家在美国俄亥俄州接
手一家废弃的通用汽车工厂，并在那里雇
用了2000名美国蓝领工人，开设了新的汽
车玻璃生产厂，在历经种种矛盾冲突后，
公司从亏损走向了盈利的故事。片尾最
后暗示，美国工人的最大对手也许不是中
国工人，而是人工智能。

一

2018 年 9 月 26 日,一位油气公司董事长给全体员工发了一封公开信。他在信中说,在当下的油气技术框架里,油藏仍然是一个"黑箱"。目前,油藏的勘探成功率仅为 30% 左右,油田采收率也大抵如此。如何有效生成数据、挖掘数据、利用数据,可能是未来 10 年公司的一条行为主线,未来的那桶"金",储藏在数据的"油藏"之中。

其实,油气行业早已通过超级计算机进行大数据分析。在石油工业史上,地震测量法对石油的勘探、开采至关重要。地震测量法从引发地震开始,所需要的只是从地表向下传递一次轻微地震,地震波会穿越各种地层,到达地下 3000 米甚至更深的地方。地震波在穿过地层时会发生折射,不同的地层折射角度不同,在地表可以用接收器探测到这些折射回来的信号,并对这种大数据进行分析。地震测量法最初是通过爆炸实现的,现在则不同。如果油藏在海底,一般通过特制的、带有侧翼机枪的船只向水下发射大量气泡,冲击海床,产生震动;如果油藏在陆上,则一般通过重型卡车夯击地面,造成震动。

由于地震测量法需要大量的数据分析,因此石油行业一直是超级计算机的最大用户之一。20 世纪 70 年代末经济衰退时,油气行业对计算机制造业的复兴起了决定性的作用。英国石油公司(BP)设在美国休斯敦的高性能计算中心所拥有的计算机,就是世界最大的商业研究超级计算机之一。

然而,仅用地震勘探法得到的资料来寻找地下油藏,信息量是不够的。如何将地质工程师脑中的定性经验与地震资料这种定量数据相结合，是一大难题。人们曾经尝试构造专家系统，将地质工程师脑中的专业知识提取出来，但地质工程师拥有的地质经验很多是模糊的，有时很难用语言描述清楚，即使总结出一部分，也不够确切与全面。中国科学院院士、自动化专家李衍达发现，地质学家往往会将关于某地区油气藏的知识综合在一起，在头脑中形成一个模糊的油气藏分布趋势或模式，像弯曲河流形或者三角洲形，这种模式是以二维或三维图形表示的。而计算机系统通过选择不同的地震波特征，可以生成不同油气分布的二维或三维图。通过将计算机系统生成的清晰的油气藏分布二维/三维图与人脑中模糊的二维/三维图反复比对、修正，能够更好地将人的直觉经验和计算机的精准计算相结合，由此研发出的地震勘探智能信息化系统已在我国20多个油田使用，发挥了较好的效益。

近年来，微软公司的云平台Azure在油气开采中有不俗的表现。Azure负责雪佛龙石油公司的安全运营，分析了2700口油井的大数据。雪佛龙波士顿总部的工程师通过使用微软HoloLens头戴式显示器及增强现实耳机，对位于得克萨斯州西部和新墨西哥州东南部的二叠纪盆地的油井设备进行虚拟修复，在预防钻塔大火等灾难的同时，提升了油井生产效率。

随着科技的快速进步，从透明煤矿、透明电网到大规模风电集中控制中心，人工智能已经广泛应用于能源的各个领域。人工智能促进了应对全球变暖的技术进步，而无论是能源转型,还是气候预测,都为人工智能的应用提供了广阔舞台。

二

在人工智能60多年的发展中,传感器的科技进步发挥了重要作用。如电流互感器在电网中广泛应用,这种传统的绕组式电流互感器存在的问题有:体积较大,难以安装到空间有限的输、配电线路上;制备成本较高,耗费大量金属资源,大规模使用不够经济;功能单一,仅适用于工频交流信号,对于直流、暂态以及高次谐波等信号,均无法量测。

随着半导体技术的发展,根据霍尔效应制作的霍尔传感器在电力系统电流测量中得到越来越广泛的应用。当电流垂直于外磁场通过半导体时,在半导体的垂直于磁场和电流方向的两个端面之间会出现电势差,这一现象便是"霍尔效应",这个电势差也被叫作"霍尔电势差"。霍尔传感器可以测量直流、高频信号,但其性能易受温度和工艺影响。

1966年,华裔学者高锟发表了一篇题为"光频率介质纤维表面波导"的论文,开创性地提出长程及高信息量光通信所需的纤维结构和材料特性。高锟因在"有关光在纤维中的传输以用于光学通信方面"取得的突破性成就获得2009年诺贝尔物理学奖,他本人也被誉为"光纤之父"。光纤的出现和技术的发展,使得光纤式电流互感器成为电流互感器发展的另一大趋势。光纤式电流互感器也能够测量直流、高频信号,但是结构复杂、价格昂贵。

1988年,法国科学家费尔(Albert Fert)和德国科学家格鲁伯格(Peter Grünberg)分别独立发现巨磁阻(Giant Magne-ta Resistive,简称GMR)效应,即磁性材料的电阻率在有外磁场作用时较之无外磁场作用时存在巨大变化。两人因此分享了2007年诺贝尔物理学奖。利用巨磁阻效应制作的GMR传感器被认为是纳米技术最重要的应用之一,它在磁盘存储领域带来了革命性成果。GMR传感器具有体积小、精度高、频带宽、稳定性高、成本低、可集成度高的优点,为智能电网的在线电流监测提供了一种新的选择,具有广阔的应用前景。但是GMR传感器的输入输出信号均为电学信号,需要处理好电磁兼容等问题。目前,中国科学家已研发出GMR智能小微电流传感器工程化样机,并通过实验测试、试点应用,实现了快速迭代、不断优化。

三

近年来,人工智能的火爆在很大程度上与深度学习的革命性突破相关。2019年3月27日,美国电子计算机协会宣布,加拿大蒙特利尔大学教授本希奥(Yoshua Bengio)、谷歌副总裁欣顿(Geoffrey Hinton)和纽约大学教授莱坎(Yann LeCun,中文名杨立昆)因在人工智能深度学习方面的贡献而获得2018年度图灵奖。图灵奖以已故英国著名数学家图灵(Alan Turing)的名字命名,被誉为"计算机界的诺贝尔奖"。今天,基于多层神经网络的深度学习如日中天,但在之前的很长一段时间里,神经网络都不被看好,只有加拿大等极少数国家的科学家在坚守。

在当年不看好深度学习的科学家中,有麻省理工学院的教授明斯基(Marvin Minsky)。1956年,在美国达特茅斯举行的人工智能夏季研究项目,标志着人工智能时代的开端,而明斯基正是该项目的发起者之一。2006年,在纪念人工智能50周年会议上,当年的10位项目先驱者中有5位出席。当会议最后一天的晚宴结束时,人工智能专家、美国四院(科学院、医学院、工程院、艺术与科学院)院士谢诺夫斯基(Terrence Sejnowski)直言不讳地责问明斯基:"神经网络社区有一种看法:你是20世纪70年代需要为神经网络萧条负责的魔鬼。你,是魔鬼吗?"明斯基在顾左右而言他之后不得不承认:"是的,我是魔鬼!"原来,1971年明斯基和佩珀特(Seymour Papert)合作出版了《感知器》(*Perceptrons*)一书,武断地宣判了深层神经网络的死刑,并依靠他的巨大行业影响力,让一代人的研究就此停滞不前。

今天,在国际象棋、图像识别、语音翻译等领域大放异彩之后,深度神经网络乃至整个人工智能的科学发展又进入了新的瓶颈。如何借鉴模仿人类或者其他生物的智能,推进新一轮的人工智能革命,已经迫在眉睫。每一个物种都有智能,但哪一种生物会启发下一轮的人工智能重大突破呢?这很难预料。我们需要做的是,保护生物多样性,保留革命火种。

应对全球变暖和保护生物多样性具有紧密关联:一方面,全球变暖可能会让很多生物灭绝;另一方面,应对全球变暖采取的高质量增长模式,也可能为各种生物保留足够大的生存空间。

四

2017年,时值芬兰独立100周年,芬兰派出庞大的企业代表团访问中国。当时,一位芬兰企业家和我闲聊时说,他想说服阿里巴巴把数据中心建在芬兰。我问他建在芬兰有什么优势,他说他们可以用可再生能源给阿里巴巴的数据中心提供电力。

那位芬兰企业家并未开玩笑。据估算,随着人工智能的发展,今天全球数据中心的用电总量约占全球用电总量的1%。2010年至2018年,全球对数据中心服务的需求增长了550%,但由于服务器的能效提高和冷却、通风条件的改善,同期这些设施的能源使用仅增长了6%。华为、阿里巴巴、腾讯以及苹果、谷歌、英特尔、微软等世界知名企业纷纷利用中国贵州、内蒙古等地丰裕的电力资源和适宜的气候条件优势发展大数据中心集群,形成"南贵(贵州贵阳)北乌(内蒙古乌兰察布)"的格局。随着全球变暖,数据中心的用电量恐怕还会进一步增加。

数据中心需要不间断供电,除常规的锂离子备用电池外,一种叫作普鲁士蓝的颜料开始进入人们的视野。普鲁士蓝是18世纪初由一位柏林的颜料制造商发明的颜料。将草木灰和牛血混合在一起进行焙烧,并把析出的黄色晶体放进氯化铁的溶液中,便产生了一种鲜艳的蓝色沉淀物,这就是普鲁士蓝。人们发现,普鲁士蓝除了是一种性能优良的颜料外,在储存钠离子方面表现优异,很适合做持久耐用的大功率钠离子电池的电极。

随着5G技术的大规模推广,5G基站的高耗能也被全社会高度重视。华为公司的先进热技术实验室团队经过20年的发展，已经从最初的3人发展到100多人，承担着从器件到系统的各类基础散热技术研究，致力于探索性能更好、能效更优、对环境更友好的创新散热技术。华为公司光伏逆变器产品的市场占有率已经跻身全球前列，其独特的散热器技术是产品的核心优势之一。

今天，中国的互联网格局正在从消费侧的"商业互联网"向生产侧的"产业互联网"快速推进。2020年，一位清洁能源超过全部装机半壁江山的大型发电集团董事长提出，在人工智能浪潮下，未来电力企业的竞争对手也许会是人工智能公司。

⑩ 能｜院士摄影师：

大脑、第二大脑与饿死癌细胞

"隆隆的巨响震撼山岳，打破了千年的沉寂。赤水河激起无数根冲天水柱，珍珠般的水珠飞向千仞万壑……"这不是1935年中国工农红军四渡赤水、两攻遵义的战争场景，而是40年后周恩来总理批准建设的贵州赤水天然气化肥厂的施工画卷。"山里的景色美丽如画，山里的农民淳厚善良。伐竹造屋，挖坑作铺。劈山、修路、搬运，重体力活全被当地农民包揽下来。一碗稀粥和一片咸菜所产生的热能远远高于理论值。"深入研究人体的能量机理，不仅有利于人体健康，也能够启发人类的能源利用方式。

一

在生命的大厦中，葡萄糖扮演着重要的角色。生命活动的能量利用过程可分为三步：

第一步，合成葡萄糖储能。生物体利用自然界的能量，比如太阳能，合成重要的能量储备物质葡萄糖，作为生物电池，随时待命。

第二步，能量转移给腺苷三磷酸（ATP）。当生物活动需要能量的时候，葡萄糖被分解，转化为用来产生能量的ATP。

第三步，ATP释放能量。ATP能够为几乎所有生命活动直接提供能量，它在释放能量后转化为腺苷二磷酸（ADP），而ADP在吸收能量后，会再转化为ATP。一个ATP分子，每天要在人体内循环2000—3000次。

在这三步走的过程中，最有趣的是第二步。人们发现，葡萄糖在分解成乳酸时，产生的能量能生产2个ATP；而如果彻底分解成二氧化碳和水，则可以生产28—38个ATP。怎么会有这么大的差别呢？

1961年，英国生物化学家米切尔（Peter Mitchell）提出，形成ATP所需要的能量是氢离子沿着其浓度梯度的方向穿过线粒体膜时提供的。这个过程有点像人类制造的抽水蓄能电站：白天在电力负荷高峰时，从上方水库放水至下方水库发电；晚上在电力负荷低谷时，用电把下方水库的水抽到上方水库，积累势能。也就是说，葡萄糖分解产生能量的过程，就像是先用水泵把下方水库的水抽到上方水库，然后开闸放水，让水流冲击水轮机的叶片，从而产生一个个ATP。

1994年，英国化学家沃克（John Walker）与X射线结晶学家合作,发现ATP合成酶的三维结构竟然与水轮机的结构高度一致! 1997年,沃克和两位ATP合成酶方面的专家共同获得了诺贝尔化学奖。

二

在人体的能量消耗中,大脑能耗约占人体全部能量消耗的20%,是具备同样计算功能的超级计算机耗电量的百万分之一。全世界的研究者都想搞清楚,人类大脑的860亿个神经元是如何做到这一点的。美国在2013年启动了"推进创新神经技术脑研究计划"(BRAIN Initiative),首要工作是进行脑细胞普查,并进一步研究将这些大脑"零件清单"连接成的"电路图"——大脑连接组图谱,为医疗等领域新工具的诞生奠定基础。

在深入研究大脑功能的同时,科学家也参照类脑思维方式设计出了神经芯片,虽然还没能很好地仿造人类大脑中通过多巴胺等激素进行的化学反应激励,但也取得了阶段性成果。

比如,传统的计算机采用冯·诺依曼(John von Neumann)计算架构,将数据储存在内存中,然后传送到处理器运算,储存和计算分离,能耗较高;而人类的大脑直接在记忆体里计算,是"存算一体"的。目前,具有"存算一体"特点的忆阻器成为人工神经网络芯片的新热点。

忆阻器的电阻会随着通过的电流量而改变,在电流停止时,它的电阻会停留在之前的值,也就是说能"记住"之前的电流量,这和人类大脑中的神经元突触有相仿之处。忆阻器早在1971年就由加州大学伯克利分校的华裔教授蔡少棠预言存在,但是直到2008年才由惠普公司研制成功。

2020年,清华大学团队与合作者在英国《自然》(*Nature*)杂志在线发表论文,报道了基于忆阻器阵列芯片卷积网络的完整硬件实现。科学家研发的阵列芯片集成了8个包含2048个忆阻器的阵列,并构建了一个5层的卷积神经网络进行图像识别,获得了96%以上的高精度,且能耗比目前市场上的图形处理器芯片(Graphics Processing Unit,简称GPU)小两个数量级。

三

肠道神经系统被誉为人体内的第二大脑,简称"肠脑"。在大脑的进化过程中,脑容量的增加离不开肠脑提供的能源和营养物质。 2017年7月,《自然》杂志发布了一项成果,声称可以将短片存储进活的大肠杆菌里。研究人员利用CRISPR系统,将一些图片和一部短片编码进了大肠杆菌的DNA中。之前已有人提出,DNA是将数码数据存储进活细胞的一种可靠媒介,此次研究正是在该基础上的进一步拓展。

CRISPR系统是存在于大多数细菌与所有古菌中的一种后天免疫系统,可以消灭外来质体或噬菌体,并在自身基因组中留下外来基因片段作为"记忆",这就为科学家将活的大肠杆菌作为数据存储的生物硬盘提供了可能。在实验中,研究人员将与CRISPR相关的蛋白质作为类似于电脑中剪切工具的DNA版本,通过选出特定的DNA片段,将gif动态图的每一帧按时间顺序编码,粘贴到活的大肠杆菌基因组中,并且能够将它提取出来,重新组合成gif图像,准确率达到了90%。

一些科学家估计人类大脑的记忆容量为215PB,大致相当于谷歌和脸书全部数据量总和的两倍,如果用大肠杆菌的基因组来存储,它们可以成功地被塞入1克的DNA里。

小时候看《西游记》,孙悟空随便拔下一根毫毛,就可以变成各种各样的东西,现在看来,那根毫毛里面也许存储了一个规模庞大的基因库吧!

四

要想深入了解葡萄糖的秘密,还需要进一步了解相关蛋白质的结构,这是一个庞大的工程。结构生物学已经成为国内外研究热点。

2014年1月17日晚,结构生物学家颜宁的团队在全球第一次解析出葡萄糖转运蛋白GLUT1的晶体结构。诺贝尔化学奖得主科比尔卡(Brian Kobilka)公开评价道:"这是一项伟大的成就,该成果对于研究癌症和糖尿病的意义不言而喻。"

颜宁团队成员邓东介绍说:"如果一个细胞是拳头那么大,那么葡萄糖分子顶多是芝麻粒大小。GLUT1就像是一道'门',能量得从那门里进来。想想我们周围的门有多少种样子?木头的、玻璃的,向里开或者朝外开,还可能是旋转的自动门……我们现在就是摸清了这扇门的样子。"这扇"门"是两束呈螺旋状的晶体,能牢牢扎在不溶于水的细膜上，让葡萄糖从螺旋之间"溜"进去。

这项研究成果也许是医学界的福音：癌细胞消化葡萄糖所能产生的能量不到普通细胞的15%，因此，癌细胞需要更多的葡萄糖转运细胞来帮它输入能量。在摸清了GLUT1晶体结构之后，根据其工作机理对癌细胞实施人工干预，就有可能"饿死癌细胞"！当然，后面还有大量的工作要做，要实现真正的产业化，至少还要20年。

在颜宁的科研成果中，需要广泛使用一种称为"冷冻电镜"的仪器，颜宁本人也被戏称为"院士摄影师"。近年来，冷冻电镜技术的突破，使得解析生物大分子复合物的三维结构变得相对容易。2017年诺贝尔化学奖颁给了杜波谢（Jacques Dubochet）、弗兰克（Joachim Frank）和亨德森（Richard Henderson），以表彰他们发展了冷冻电镜技术，用于测定溶液中生物分子的高分辨率结构。但是，用冷冻电镜技术破译部分蛋白质结构依然需要几个月甚至更长的时间。

2020年11月，在一项被誉为"蛋白质奥林匹克"的国际比赛中，曾经研发出围棋人工智能系统AlphaGo的DeepMind实验室在蛋白质3D形状解析方面取得重大突破，其研发的人工智能程序AlphaFold获得87分。该项比赛旨在比较计算机预测的蛋白质结构和实验室获得的结果，准确度以0—100的数值呈现，得分在90以上就可以认为与实验室结果一致。2016年，最具挑战的蛋白质结构预测结果得分为40分。2018年，DeepMind首次参赛，获得60分，大幅领先其他选手。

　　在进化之路上，大脑占据人体能量消耗的20%是一个关键的节点，标志着人脑发育的成熟。那么，如果把整个人类社会当作一个生命体，当数据中心的能源消耗量占全社会的20%时，人类社会将突变成一个什么样的智能社会呢？

医

11

国家实验室：

　　人与自然的共享药方

　　国家实验室是面向国际科技前沿建立的新型科研机构和国家开放型公共研究平台，是组织高水平基础研究、战略高科技研究和重要共性技术研究的"国家队"。美国早在"二战"期间，就开始了国家实验室的建设，而中国在2020年也成功组建了首批国家实验室，并正在加快构建以国家实验室为引领的战略科技力量。国家实验室强调解决重大问题，在攻克全球变暖带来的病毒问题方面，国家实验室又可能带来什么样的新思路呢？

一

　　提起全球变暖，人们往往担心未来冰川和冻土融化后古老病毒的泄漏。然而，加利福尼亚大学洛杉矶分校医学院生理学教授、《枪炮、病菌与钢铁：人类社会的命运》一书的作者戴蒙德（Jared Diamond）却在新书《剧变：人类社会与国家危机的转折点》（*Upheaval: Turning Points for Nations in Crisis*）中警醒人们：全球变暖正在引发携带热带疾病的昆虫向温带转移，比如，近年来出现的登革热疫情。应对全球变暖可能导致的病毒问题，已经成为当下亟须关注的课题。

　　"病毒"一词源自罗马帝国，该词当时有两个意思：一是蛇的毒液，象征毁灭；二是人的精液，象征创造。毁灭与创造，这两股力量就像DNA的双螺旋结构，缠绕在一起，螺旋式上升，永远无法分离，它们共同创造了既灿烂辉煌又始终如履薄冰的人类文明。

　　1988年，在美国的一家社区大学里，16岁的思科鲁特（Rebecca Skloot）被矮墩墩的生物老师的精彩课程迷倒了。老师说，人体内有无数个细胞，每个细胞就像一个鸡蛋，细胞质像蛋白，由水和蛋白质构成；细胞核像蛋黄，里面储存了人体内的全套基因组。在细胞核的精心指挥下，细胞不停地进行分裂，于是，伤口得到了痊愈，胚胎长成了婴儿……但若操作稍有失误，就可能引发癌症。人类对细胞有如此多的了解，要感谢一个人——拉克斯（Henrietta Lacks）。

　　拉克斯是一个黑人，1951年死于宫颈癌。从她身上提取的细胞，在体外可以无限制地分裂，这是人类在经过几十年的失败之后，发现的第一种可以体外培养、"永生不死"的人类细胞,这种细胞被称为"海拉细胞"。海拉细胞由此成为必不可少的实验材料,在药物开发、基因图谱、体外受精、克隆技术等几乎所有的医学领域,都发挥了十分重要的作用,甚至多个诺奖成果也和海拉细胞紧密相关。

拉克斯的故事,深深地打动了思科鲁特。后来,思科鲁特花了10年时间,专门研究海拉细胞和拉克斯本人的生命故事,最终写出了《永生的海拉》一书。这本书出版后很快位居《纽约时报》和亚马逊畅销书排行榜第一名,拉克斯的家人也在外界的资助下,给拉克斯竖立了墓碑,碑上刻着:永生的海拉细胞,将永远造福人类。

那么,海拉细胞永生的机制是什么呢? 1984年,一位德国病毒学家利用海拉细胞证明了有的人乳头瘤病毒(HPV)会导致癌症,这项发现后来让这名德国人获得了诺贝尔奖,也让人类向HPV疫苗的成功研制迈出了第一步。进一步的研究发现,HPV病毒改变了细胞中的端粒酶,不停地修改细胞分裂的上限,颠覆了细胞复制的程序。

1999年,科学家发现人体内一种病毒的某个基因,可以在人体的胎盘中合成一种叫合胞素的蛋白质。经过试验,一旦在老鼠的基因里敲掉合胞素,老鼠的胚胎将无法成长为活的老鼠。因此,科学家推断:这种蛋白能够帮助分子在细胞之间快速流通,是胎儿从母体吸收营养不可缺少的组成部分。有的科学家甚至进行了更加大胆的猜测:一亿年前,哺乳动物的祖先正是在感染了这种病毒后形成了最早的胎盘。没有病毒,可能就没有哺乳动物,没有人类。

二

研究病毒,研究微生物,研究生命科学,一般人会觉得"高大上",和普通大众距离很远,其实并不尽然,因为有些生物实验就像做菜一样简单。有这么一个段子:一个小偷去学校偷东西,误入了生物实验室,结果发现实验室三班倒,别说偷东西,连溜都没机会溜走。一个多星期后,终于趁着实验室小组开会的时候逃了出来。别人问他有何收获,他回答说:"我学会提质粒了。"提质粒是一种生物实验,一个熟练工半小时就可以搞定。

2013年,清华大学出版社出版了《想当厨子的生物学家是个好黑客》一书,作者是美国科技记者乌尔森(Marcus Wohlsen)。书中提出,既然DNA也是程序,就应该可以编码和解码;既然人体跟电脑一样可以通过程序控制,那么生物界的程序员们就是改变人类衣食住行面貌的人。生物黑客们正在通过DIY(Do It Yourself)改造世界。

和计算机黑客一样,生物黑客的精神也是独立、开源、保护弱者、保持好奇、反对霸权,他们提出了"13岁小孩和大学教授享有同等的探索世界的权利"的宣言。他们正在用更廉价和实用的生物技术来改变自己的生活,用污水处理中的微生物来清理胆固醇,而且取得了不错的效果!

微生物是人与自然共享药方的切入点之一,特别是肠道微生物。目前,似乎有越来越多的证据表明,肠道菌群紊乱早于帕金森病的发病或与之同时发生。如果能够更多地了解其中的关联,可能会更有效地阻止帕金森病的发作。

于是,问题来了:既然污水中的微生物在肠道清理中发挥了重要作用,那么肠道微生物可用于污水处理吗?既然肠道功能与帕金森病有这么大的关联性,那么可以引入别的地方的微生物来改善肠道菌群吗?

人类,还可以开发更多更好的人与自然的共享药方吗?

我想把这个题目留给年轻人,留给参加国际基因工程机器大赛(International Genetically Engineered Machine Competition,简称iGEM)的大学生们。iGEM由麻省理工学院于2003年创办,是合成生物学领域的顶级国际性学术竞赛。电子科技大学2012级生物技术专业的严鲲同学,作为团队成员之一在2015年iGEM中获得金奖。回忆这段经历时,他说:"发现一个现象,提出一个科学问题,设计实验来尝试解决问题并取得一定的成果和认可,这个过程的酷炫程度着实不比制作一个自己的机器人来得差。此外,有幸能远赴美国,与全世界200多支队伍相互交流、同台竞技,展示千差万别、精彩纷呈的项目,分享各式各样的奇思妙想,更是让人酷炫到热血沸腾。通过这个比赛,你会发现原来有如此多的人在生命领域里做着各种各样的有趣的事情,你会很轻易地被各国小伙伴的极客精神所感染,而这使得你的不停阅读枯燥文献和重复实验显得有意义了。"

在分享经历的最后,严鲲引用了《想当厨子的生物学家是个好黑客》书中的一段话:

"我们生活在两条真实却平行的时间线上:上学上班养儿养老的技术流真实,和狂奔着追赶新能源新技术新发现新人类的博物学真实。我们像是一群冲进大气层的陨石,看着整个星球的过去未来隆隆驶近面门,烈焰焚身。好奇、探索和奔走背后是焦虑:世界如此光怪陆离,而我们如此 tiny tiny,回避已经不可能,唯有张开手掌和胸膛,欢声大笑迎向它结结实实的拥抱。无论你有没有做好准备,还是这些人的努力与成果在你看来不过是遥远世界里意义不明的幻觉烟火,早晚有一天,他们的世界都会把你按部就班的小日子翻个底朝天。"

三

在发现污水处理的微生物可用于清理胆固醇的研究所里,既有生物部门,也有环境部门,这就为跨界创新提供了方便。污水处理是能源领域的科技热点,美国能源部下属的17个国家实验室研究范围极为广泛,在能源领域之外,生物科学也是重要研究方向之一。

美国建国之初,联邦政府很少在科学、教育、文化等领域履行责任和行使权力,两次世界大战使美国认识到支持科技创新的战略意义,故而投入巨资推进国家实验室建设。70多年来,能源部的17个国家实验室通过多学科方法,利用先进的仪器和设施,取得了丰硕的研究成果。当前,国家实验室高度重视应对全球变暖,并将其作为重要的研究方向之一。

劳伦斯伯克利国家实验室是美国杰出的国家实验室之一,已经培养了10多位诺贝尔奖得主。该实验室由加州大学伯克利分校的物理学家劳伦斯(Ernest Orlando Lawrence)

创立,他的理念是,最好由具有不同专业知识领域的个人和团队共同努力开展科学研究。他的"团队科学"概念是实验室的重要遗产,通过对包容性和多样性的坚定承诺,带来启发创新解决方案的观点。这从实验室的研究任务中可以看出:解决人类面临的最紧迫、最深刻的科学问题;进行基础研究,确保未来的能源安全;了解生命系统,以改善环境、健康和能源供应;了解宇宙中的物质和能量。实验室的官网上还展示了一些研究成果,如揭示人类基因组秘密、通过光合作用制取清洁能源、重新定义乳腺癌等。其中一个有趣的成果是袖珍型DNA采样器,它可以识别空气、水和土壤样品中的微生物,一张信用卡大小的设备可以精确定位杀死珊瑚礁的疾病,并对城市上空传播的细菌进行分类。

今天,中国也在推进能源领域的国家实验室,强调协同创新、跨界创新。我们是否有可能也打造成劳伦斯伯克利这种综合性的国家实验室,将生命科学和能源科技联系得更加紧密?

⑫ 适 进化之路：
活化石妙对新挑战

1942年，郭沫若写下了散文《银杏》："你这东方的圣者，你这中国人文的有生命的纪念塔，你是只有中国才有呀，一般人似乎也并不知道。我到过日本，日本也有你，但你分明是日本的华侨，你侨居在日本大约已有中国的文化侨居在日本的那样久远了吧。你是真应该称为中国的国树的呀，我是喜欢你，我特别地喜欢你。但也并不是因为你是中国的特产，我才是特别的喜欢，是因为你美，你真，你善。"1945年，美国向日本广岛投放了一颗原子弹，当地所有的树木都化为灰烬。银杏，咱们的日本"华侨"，也跟着倒霉了。可是，不久之后，人们意外发现，离核爆中心仅1千米远的一座寺庙中，一棵银杏树竟然冒出了新芽，骄傲地生长着，到现在还在开花、结果。

一

银杏,被誉为植物界的"活化石"。在距今1.996亿年到1.455亿年的侏罗纪和距今1.455亿年到6600万年的白垩纪,银杏类植物曾经广泛分布在北半球的亚洲、欧洲与美洲大陆。法国毛状叶化石的发现,更是证明了银杏类植物至少有2.7亿年的历史。20世纪80年代初,在河南省三门峡市义马矿区的一个露天煤矿,工人们发现开采出来的岩石上有树枝、树叶的图案。后来,经古植物学家周志炎院士等人鉴定,确认那是古老的银杏化石,距今1.8亿年。1995年,国际古植物学会议采用"义马银杏"化石图案作为会徽,从此,"义马银杏"名扬天下。虽然今天的银杏叶像一把扇子,但是义马银杏的叶子却和菊花的叶子差不多,由一组细长的叶片构成。

然而,在极端天气变化的影响下,几乎所有地方的野生银杏都在陆续消失。一般认为,现今全世界只有浙江省天目山的野生银杏得以幸存。天目山位于杭州市临安区,在其东、西峰顶各有一个池子,就像一双明亮的眼睛仰望天空,"天目"之名由此而来。天目山地质年代古老,植被完整,1956年被林业部划为森林禁伐区,1986年晋升为国家级森林和野生动物类型自然保护区,1996年被纳入联合国教科文组织人与生物圈保护区网络,成为世界级自然保护区。在天目山一个悬崖峭壁的石峰上,有5棵古老的银杏树同属一个根系,被誉为"五世同堂"。

银杏生长缓慢,从栽种到结果要20多年,此后年年结果,寿命极长,能活几百年甚至几千年。因此,有人把银杏称作"公孙树",寓含"公种树而孙得食"之义。现在,通过嫁接技术,银杏树生长5到10年就可以结果了。

1690年受雇于荷兰东印度公司的德国博物学家肯普弗(Engelbert Kaempfer)在他1712年出版的海外游记中,对在日本看到的银杏树进行了详细记述。18世纪30年代,来自亚洲的银杏第一次被栽种在荷兰乌得勒支大学植物园,这成为欧洲最古老的一株银杏树。当银杏树刚被引进到美国时,因其貌不惊人,而被美国园艺师鄙视。然而,"女大十八变",成熟之后的银杏树很快征服了美国人。今天,无论在欧洲还是美洲,都能见到许多非常漂亮的银杏树。

1896年,日本东京帝国大学的平濑作五郎(Hirase Sakugorou)在大学植物园的一株银杏树上采集花粉时,意外发现银杏树花粉管中有能游动的精子。银杏精子长约86微米,这一发现在植物学史上具有划时代的意义。1956年,在这棵依然健康生长的银杏树下,人们立了一块纪念碑,上面刻着:精子发现六十周年纪念。

二

在植物分类学中,有门、纲、目、科、属等多个分类阶元。然而,在银杏纲、银杏目、银杏科、银杏属中,现存的只有一种植物:银杏。

银杏,恐龙的小伙伴,你从冰河时代孤身杀出重围,在全球变暖的今天,又面临着怎样的挑战?

科学家发现,银杏通过控制树叶上气孔的开闭来吸收二氧化碳。如果银杏在二氧化碳浓度较高的大气中成长,需要的气孔数就较少,反之亦然。中国和英国合作组成的科学家团队将1998年收集的银杏叶和1924年保存至今的银杏叶进行对比,发现银杏叶每平方毫米的气孔数从1924年的134个减少到1998年的97个,和大气中二氧化碳浓度增加的趋势大致成反比。科学家们进一步从银杏化石的树叶气孔数量,反推远古时代的二氧化碳浓度,并预测未来的气候。

目前,大气中的二氧化碳浓度已超过0.4毫升/升,而工业化之初的二氧化碳浓度大约是0.28毫升/升。研究发现,当大气中的二氧化碳浓度超过0.5毫升/升时,银杏树的气孔数不再随二氧化碳浓度的增加而减少,甚至存在彻底失控的风险。

今天,随着全球变暖,很多植物改变了自己的生长周期,银杏也不例外。这一次,银杏还能够逃过气候劫难吗?

三

银杏留给人类的,不只是秋天金黄色的记忆,还有丰硕的果实。一位以研究银杏闻名的院士回忆:"我记得,小时候家乡村头有一棵大银杏树,树干又粗又直,树冠像一把大伞。它究竟有多大年纪呢? 没有人知道。每年银杏树都结出很多白果,我们常常用火烤着吃,清香细嫩,令人垂涎。"

1965年,德国威玛舒培博士药厂首先将银杏叶提取物引入临床医学。今天,虽然学术界对银杏的医疗价值仍然存在争议,但银杏类药品、保健品已广泛用于心脑血管疾病、阿尔茨海默病等多种疾病的辅助治疗,其年销售额曾经超过10亿美元。从银杏中提取的银杏内酯B是世界上最畅销的草本药之一,在北美、欧洲、亚洲广泛销售。银杏内酯B的分子结构复杂又美丽,是沿着6个不同平面错位的环状结构。获得1990年诺贝尔化学奖的哈佛大学科里(Elias James Corey)教授历时数年,才在实验室合成银杏内酯B。科里教授被认为是将有机合成从艺术转为科学的关键人物,他的逆合成分析理论是现代有机合成化学的重要基石,推动了20世纪70年代以来有机合成化学领域的飞速发展。

今天,很多来源于大自然的药品,都采用人工合成的方式生产。比如,镇痛解热药阿司匹林。早在古希腊时期,人们就发现用柳树皮煮水可以退烧镇痛,但是其药效并不明显,而且对胃的伤害很大。1763年,英国牛津郡的牧师斯通(Edward Stone)首次从柳树皮中分离出有效成分水杨酸。1853年,法国化学家热拉尔(Charles-Frederic Gerhardt)在实验室合成水杨酸。1897年,德国化学家霍夫曼(Felix Hoffmann)合成了阿司匹林,主要成分为乙酰水杨酸,它是水杨酸的衍生物,但是对胃的刺激相对较小。然而,也许因为银杏内酯B的合成过于复杂,医药公司至今还在不辞劳苦地派人到银杏林里采集原料。2012年,科里教授在中国创办了科里生物医药中国(江阴)研究院,他们会在银杏内酯B的高效制备上取得突破吗?

　　德国诗人歌德（Johann von Goethe）曾经写了一首歌颂银杏的诗献给心爱的女友，大意是：这棵树来自遥远的东方，在我的花园中成长。树上的叶子究竟藏着什么秘密，颇令人遐想……

　　在人口老龄化日益严重的今天，阿尔茨海默病的发病率不断上升，古老的银杏，能够给我们带来新的惊喜吗？人类，又如何发挥聪明才智，让银杏树叶上的气孔数跟上大气中二氧化碳浓度的变化，让银杏这个活化石永葆青春活力呢？

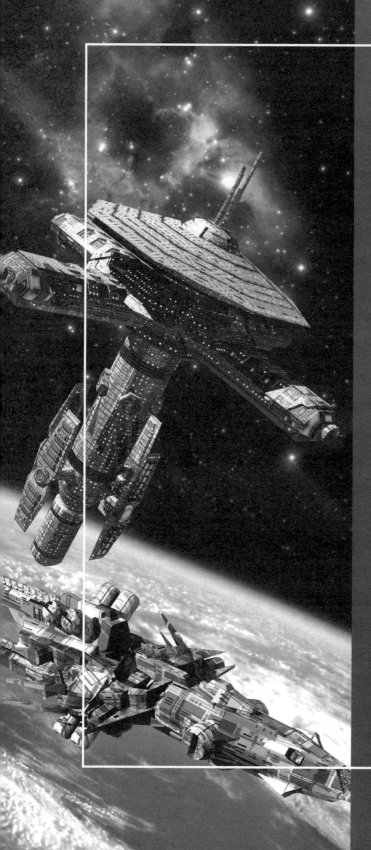

空间篇

⑬ 漠 | 太阳的胜利：
大英博物馆的 21 世纪文物

　　每一个到过大英博物馆的人，都对浩如烟海的文物留下了自己的解读与判断，大英博物馆馆长麦格雷戈（Neil MacGregor）自然也不例外。几年前撰写《大英博物馆世界简史》时，他想从大英博物馆 800 万件馆藏中精选 100 件最具代表性的物品展现人类 200 万年文明史，然而在选择第 100 件物品来代表 21 世纪的人类时，麦格雷戈陷入了纠结：是用来自南极洲这个人类走出非洲后最后一个定居点的物品，还是用一系列厨具窥视城市化浪潮下舌尖上的都市，或者用全人类共享的爱好——足球体现整个世界的连接？麦格雷戈最终的选择是：2010 年在中国深圳制造的一套太阳能灯具与充电器，包括一盏含单节 6 伏可充电电池的塑料灯和一小块独立太阳能板，并提供了手机充电的插口；太阳能板在阳光下充电 8 个小时后，可以给灯具提供 100 小时的照明。

一

能源是人类赖以生存和发展的重要物质基础。南亚、撒哈拉沙漠以南的非洲地区以及美洲热带地区的太阳能资源丰富，可以为世界上许多贫困地区供应电力，并为"精准脱贫"提供无限的机会。

其实，人类很早之前就开始利用太阳能了，但是直到1839年才发现光伏效应。这一年，19岁的贝克勒尔（Edmond Becquerel）在父亲位于巴黎市中心的国家自然历史博物馆的实验室里，发现"将2片银条或金条浸入酸性、中性或碱性溶液中，不均匀地接受日光照射，可观察到电流的产生"。

1954年，硅时代拉开序幕。这一年，贝尔实验室制造了第一个有实用价值的单晶硅太阳能电池，效率为6%。在随后不久的太空竞赛中，太阳能电池被用于在太空中给卫星提供能源。

1970年，苏联科学家阿尔费罗夫（Zhores I. Alferov）首次研发成功高效的砷化镓电池，他后来用这种材料研发出第一台半导体激光器，并因其半导体异质、结构方面的贡献获得诺贝尔物理学奖。砷化镓及其同族化合物容易多层叠加，吸收太阳光光谱中不同波段的光。砷化镓电池的实验室效率已经超过40%，但由于其造价高昂，因此只在火星探测器等太空探索中得到应用。

制造单晶硅电池需要采用切割工艺，因此很难制成超薄电池片，电池厚度一般在100微米以上，原材料消耗较多。后来，科学家开发出薄膜电池，应用相对较广的有碲化镉电池和铜铟镓硒电池，其电池厚度只有几微米。虽然薄膜电池原材料利用少,且容易大规模快速生产,但制备需要复杂设备,较难实现大面积薄膜电池性能的一致性,加之碲化镉电池和铜铟镓硒电池要用到稀有金属,碲化镉电池还要处理镉等有毒物质,所以限制了其使用范围。

价格为王,薄膜电池最大的发展制约因素还是硅电池在规模效应和技术进步下的大幅降价。从2008年到2010年,多晶硅原料的价格从400多美元/千克下降到50美元/千克,遏制住了当时美国硅谷碲化镉薄膜太阳能电池上市公司快速发展的势头。而2015年以来,随着钻石切割等一系列技术的大规模应用,单晶硅造价从每片0.7美元多下降到0.3美元左右。2020年单晶硅电池领先企业的商业化转换效率已经超过23%,实验室效率已经超过25%,这不仅颠覆了多晶硅电池的市场主体地位,对近年来效率不断提升并开始大规模商业化的铜铟镓硒薄膜电池产业也产生了更大的压力。

1986年,瑞士科学家豪瑟(Charles Hauser)研制出一种用于光伏产业中将硅棒切割成硅片的钻石切割线。在一家中国公司的大力推动下,钻石切割技术从2014年开始走向成熟。相比于传统的砂浆切割技术,钻石切割技术不仅可以减少切割过程中"切口"原材料粉末的损失,切割速度还可以提高3—5倍,机器生产率的提升也超过了3倍。钻石切割线原先广泛用于钻石自身的切割,谁能知道,当初推动钻石市场的钻石切割技术,竟为今天的光伏价格"白菜化"做出了巨大贡献呢!

二

2019年，中国光伏发电量达到2242.6亿千瓦时，占全年总发电量的3.1%。同年，光伏产业出口产值超过200亿美元。2020年，光伏行业的龙头企业市值突破4000亿元，显示出市场对光伏产业未来的认可。太阳能、风能等可再生能源存在间歇性和波动性，随着太阳能、风能大规模并入电力系统，电网必须应对太阳能、风能在电力系统中比例快速增加并成为主导来源的新形势，从源网荷综合考虑增加电力系统的"灵活性"，迎接可再生能源时代的到来。源网荷储一体化的电力系统，以及为多能互补、冷热电联供的智慧能源系统提供"灵活性"，是需要重点关注的技术发展方向。其中，储热比储电成本低，如太阳能热发电站可以把光转化为热储存在熔盐等介质里面，可稳定持续发电，并能为电网提供调节电源。

2015年7月，在西班牙的一座光热电站Gemasolar，香车美女云集，一位全球时尚界的先行者正在举办夏季时装秀。这里没有炫酷的舞台灯光，却有无可比拟的炫目阳光。这位时尚人士喜欢在全球地标性建筑上举行时装秀，如巴黎埃菲尔铁塔、纽约世贸中心、吉隆坡双子塔等地。她认为，绿色应该是时尚的重要表现元素，她说："Gemasolar带走了我的呼吸，她是如此现代、如此美丽、如此稀有，这是我们可以看到的最优秀的设计，当然还有电站设计者为此做出的不间断的努力。我想说，这场时装秀是我所做过的最激动人心、最具挑战性的一次。"

Gemasolar电站装机容量为2万千瓦，总投资2.6亿美元,是世界上第一个公用事业规模的采用塔式熔盐技术的光热电站,可以在缺少光照的阴雨天及没有光照的夜间持续发电15个小时。2013年夏天,Gemasolar电站创造了连续36天无间断24小时持续运行的记录。

塔式熔盐光热电站的基本原理是,通过成千上万面反射镜,将吸收到的太阳光集中聚焦到塔顶,加热塔顶中的熔盐,熔盐将热能传递给高温水蒸气,驱动汽轮机做功。因为熔盐具有储热功能,所以光热发电可以长时间持续进行。随着太阳东升西落,这些反射镜同步跟踪太阳光的角度,确保将最佳的光能反射到塔顶。Gemasolar电站拥有2650面反射镜,占地约185公顷,系统塔顶中央接收器的温度超过900 ℃,作为传热介质的熔盐温度超过500 ℃。2013年9月,在巴塞罗那举行的国际咨询工程师联合会(International Federation of Consulting Engineers)百年庆典上,Gemasolar电站控股方西班牙Sener公司被授予百年工程项目大奖。

2018年10月10日,中广核青海德令哈50兆瓦太阳光热发电示范项目正式运行,中国由此成为世界上第八个掌握大规模太阳能热发电的国家。好事多磨,2017年6月,德令哈下起了冰雹,承担项目技术指导的西班牙某公司技术人员,因受不了德令哈高寒、缺氧的恶劣环境,单方解除了合约,迫使中广核人自力更生,摸索出一系列高海拔寒冷地区的光热项目技术实施方案。德令哈项目的太阳能集热器由25万片共62万平方米的反光镜、11万米长的真空集热管,以及跟踪驱动装置等组成;矗立在储热岛的熔融盐储热罐,直径达42米,是亚洲最大的熔融盐储热罐。

西部戈壁滩上的光热城,一道别样的风景线。

三

随着光伏发电规模化和技术快速进步,在光资源充足、建设成本低、投资和市场条件好的地区,光伏电站的电价和煤电上网电价相当甚至低于煤电上网电价,基本可以不需要补贴。在中东一些光资源特别好的地方,光伏电站中标电价已经不到2美元/千瓦·时,远低于当地煤电价格。

光伏发电运行过程中不产生温室气体,光伏全产业链的碳排放也日益得到重视。法国提出,在选择太阳能组件时,把整个组件生产、发电、回收的碳排放,也就是全寿命周期的碳足迹作为评选标准之一。法国电力以核电为主,可再生能源发展得也很快。根据法国国家电网发布的统计数据,2018年年底法国本土发电装机容量为132.889吉瓦,其中核电63.130吉瓦(47.5%)、水电25.510吉瓦(19.2%)、风电15.108吉瓦(11.4%)、天然气电12.151吉瓦(9.1%)、太阳能电8.527吉瓦(6.4%)、燃油电3.440吉瓦(2.6%)、煤电2.997吉瓦(2.3%)、生物质电2.026吉瓦(1.5%)。一些中国光伏企业已经意识到这个问题,开始到云南等水电资源丰富的省份布局晶硅产业,并提出了"Solar for Solar"的口号,准备逐步用光伏发电为光伏产业链提供生产过程的电力供应。

太阳能的缺点是能量密度低。有人计算过,一辆普通汽车车顶上铺满太阳能电池板,其功率只有一个马力(1马力≈735瓦)。但在资源技术经济开发总量上,有光伏发电专家认为,如果能利用全球戈壁沙漠的一部分安装太阳光伏电站,就可以满足当前人类的用能需求。并网光伏发电系统首先在以屋顶光伏发电特别是户用屋顶为代表的分布式光伏发电方面开始发展,主要原因是光伏发出的电可以直接就地消纳,减少用户在大电网的用电量。随着技术的进步和成本的降低,集中式光伏电站发展迅速,安装总量很快超过分布式光伏系统。目前,集中式及分布式光伏并举发展。随着光伏近些年在全球新增发电装机容量中成为第一,未来的光伏有可能在所有的电源种类中成为装机容量和供电量最大的能源种类,广阔的荒漠戈壁也将成为光伏发展的最重要领域。光伏发电不仅可以利用荒漠戈壁丰富的太阳能资源,太阳光伏组件还可以用来挡住阳光,减少地面水分蒸发,在有些区域可改善地表生态环境。

多年来,风电行业的头部企业相对稳定,而光伏行业则一直处于"城头变幻大王旗"的状态,国内外一批曾经风光一时的光伏企业走上破产之路,其中有的公司创办人曾经在短短5年内成为中国内地首富。有风电人士把风电产业比作"哺乳动物",而把光伏产业比作"草履虫"。

大约10年前,英国牛津大学教授斯奈思(Henry J. Snaith)的一位研究生从日本出差回来,在深夜极度困乏的时候将两种化学浓度颠倒了,结果偶然发现了一种效率超过10%的钙钛矿太阳能电池。这种电池巨大的效率潜力立刻吸引了全球科学家的高度关注,短短几年,实验室效率已快速突破了25%,以晶硅为底电池的钙钛矿叠层太阳能电池效率更是突破了28%。但在产业化之路上,钙钛矿也存在着大面积制备性能不稳定等难题,这吸引了欧洲、美国和中国的一批初创公司的持续努力研究。2019年,一家中国大型风电制造企业投资了亨利·斯奈思教授的初创公司——牛津光伏公司,"哺乳动物"看好"草履虫"的未来。

林

14

黑白河：

亚马孙雨林的光荣与梦想

　　美丽的亚马孙雨林，蕴含着极其丰富的生物资源。有人建议，如果感到烦闷，不妨跨越千山万水，来这里感受牙齿尖锐的食人鱼、粉红色的海豚等生灵的独特风情。在对古老的印第安部落的探寻中，还可以感受到以能源为代表的现代文明之光，已经开始照亮亚马孙雨林的深处。

一

2019年10月25日下午,在中国国家主席习近平和巴西总统博索纳罗(Jair Messias Bolsonaro)的共同见证下,中国国家电网有限公司(以下简称"国家电网")和巴西矿产能源部在北京人民大会堂共同签署了巴西美丽山水电特高压直流送出二期项目(以下简称"美丽山二期项目")运行许可文件,标志着该项目正式投入商业运行。美丽山二期项目工程总投资约96亿雷亚尔(1雷亚尔约合1.2元人民币),线路总长2539千米,是当时世界上输送距离最长的±800千伏特高压输电工程,也是巴西电网南北互通互联的主通道,连同美丽山一期项目一起,将巴西北部亚马孙流域清洁水电输送到东南部负荷中心。

巴西是世界上环保法规最多的国家。根据巴西法律规定,任何工程开工前都必须通过环境评价,取得巴西环保署签发的施工许可。繁杂的审批程序、严格的批复条件,常常令很多外国企业叫苦不迭。

一位在巴西工作多年的中国金融界人士认为,很多来巴西的中国企业一般都会经历相同的三个阶段:第一阶段,以为发现了大金矿,高高兴兴;第二阶段,发现这也不能干那也不能干,备受打击;第三阶段,逐步融入巴西社会,心态平和。中国电力企业进入巴西也是如此。当时,一家中国电力施工企业刚进入巴西不久,在线路架设工程中要通过鸟类聚集区。为了打消业主顾虑,企业主动向业主保证:绝不会因为鸟儿影响施工运行。可万万没想到,业主最担心的就是施工影响到鸟类的生存。因为,一旦此事处理不好,就会面临坐牢的危险!

美丽山二期项目工程须经过北部"地球之肺"亚马孙雨林、中部塞拉多热带森林和南部大西洋沿岸山区等自然条件迥异的三个地理气候区,从北至南要跨越或绕过20个自然保护区、863条河流。几乎线路的每一处,巴西环保署都要严格审核,以确保将线路对环境的影响降到最低。

国家电网巴西控股公司先后聘请了400多人次的动植物专家、社会及环保专家,对美丽山二期输电线路进行了20多次优化设计,调整线路700余千米,调整塔型设计200余座,增加塔材千余吨。工程队还将在施工过程中发现、捕获的箭毒蛙、树懒等动物送到专门的动物救助站,然后转移到指定地点释放。此外,公司还在施工现场外种植了面积达1100公顷的树林,以满足施工期间砍伐的植被须"等量补偿"的法律要求。

在高质量完成工程建设的同时,美丽山二期项目也成为巴西近年来第一个零环保处罚的大型工程。

二

20世纪80年代,巴西是中国电力人向往的殿堂。当时的世界第一大水电站——伊泰普水电站诞生时,中国尚处于电力技术落后、电力供应短缺的改革开放之初,而巴西已建成750千伏交流、±600千伏直流构成的世界上最先进的交直流混合电网。

时过境迁。如今,中国的电网公司已实现"弯道超车",建成了世界上规模最大、技术最先进的电网,中国的电压等级一路跨越式增长到特高压交流1000千伏以及直流±1100千伏。

1968年参加工作的李立涅,迄今已在电力行业耕耘50余载,被誉为中国"直流输电第一人"。他几乎主持参与了中国所有特大型输电项目:中国第一条330千伏交流输电工程、第一条500千伏交流输电工程、第一条±500千伏直流输电工程、中国第一条也是世界第一条±800千伏特高压直流输电工程。

±800千伏特高压项目启动前,李立涅遭到了很多质疑。当时中国最高电压等级为±500千伏,许多技术还要从国外引进,一些关键技术掌握在别人手中。在没有设备、没有工程经验等诸多挑战下,李立涅带着他的团队,精诚团结、奋发作为。2010年,世界首个特高压直流输电工程——±800千伏云广特高压直流输电工程建成投产;2018年5月,滇西北至广东±800千伏特高压直流输电工程投入运行,成为世界上海拔最高、设防抗震级别最高的特高压直流输电工程。

特高压±800千伏直流输电工程获得了2017年度国家科学技术进步奖特等奖。作为项目第一完成人,李立涅特别自豪:"研究特高压直流输电技术是国家赋予我们电力人的使命,很高兴它得到国家的认可。"现在,特高压直流输电技术已经成为中国对外的一张名片。

起初,对于特高压,特别是特高压直流输电,巴西方存在巨大的质疑。有人认为,600千伏直流已经足够,没必要采用800千伏的设计,而且直流工程是点对点输送,沿途各州没有落点，各州政府也不太支持。

对此，中国国家电网采用了三步走的策略。首先，向巴西方反复介绍中国国家电网在特高压方面取得的成就，说明特高压在巴西能源传输、造福国计民生方面的优点。然后，以中标重大电力工程为契机，和西门子、ABB等国际著名制造企业合作，推广中国标准，积累建设经验，让巴西方看到中国国家电网的实力、做法和诚意。最后，依托美丽山二期项目，将中国高端电力设备带进来，让巴西方有更直观的感受。近年来，巴西经济低迷，对于中国国家电网的投标，巴西政府和巴西国家电力公司都十分支持。

随着美丽山二期项目工程的成功投运，中国特高压的技术、标准、装备，不仅得到了巴西电力同行的广泛赞同，还得到了巴西能源部门、巴西政府的高度认可。

三

巴西的煤炭资源不够丰富，这让巴西错过了19世纪工业大发展的煤炭时代。20世纪中期，巴西实施"进口替代"战略，开启了大规模工业化进程。随着经济高速增长，巴西的石油消费量不断刷新，对外依存度最高时达90%。但是，随之而来的两次石油危机，彻底终结了这一时期蜚声国际的"巴西奇迹"，并进一步诱发了巴西的债务危机、经济危机、社会危机和政治危机，危及整个国家的稳定。内外交困的巴西政府深刻认识到单一能源体系的脆弱性，因此除大力发展深海石油外，还加强了水力发电和生物燃料建设，推进能源的多元化和低碳排放。

2019年,巴西的水力发电占全部发电量的63%。和温带地区的水电低碳排放不同,热带大坝会产生二氧化碳和甲烷等气体。这些集聚起来的甲烷流过水轮机时可能大量涌出,如同打开汽水瓶后涌出的二氧化碳。为此,巴西国家空间研究院的专家提出,在甲烷通过大坝前先将其捕获,再通过取水管抽到附近的天然气电站发电。实践证明,用来消耗甲烷的火电站可以大幅增加水电设施的输出电力。

在生物能源方面,1975年,巴西推出"国家乙醇燃料计划",通过补贴、减税、低息贷款等财政手段激励甘蔗制糖厂提高蒸馏乙醇的产能,强制乙醇与汽油混合使用,使巴西的乙醇汽车数量一度占到全国汽车总量的90%以上。后来,巴西又利用大豆、蓖麻、向日葵等生物原料生产柴油,推出"国家生物柴油计划"。"国家乙醇燃料计划"和"国家生物柴油计划"的实施,使巴西成为世界第二大生物燃料生产国和消费国。2017年,巴西生物燃料产量占全球的22%。

近年来,巴西太阳能发电和风力发电发展迅速,2019年发电量达到1177亿度,占全部发电量的18.8%。在2019年的两次拍卖中,太阳能平均电价低于21.00美元/兆瓦·时,与此同时,蓬勃发展的光伏产业也给巴西创造了超过10万人的就业机会。

亚马孙河是世界上最长的河流,其中最著名的河段是被人们戏称为"大河婚礼"的黑白河。在两条支流的交汇处,颜色白中泛黄的索里芒斯河水与深咖啡色的内格罗河水泾渭分明,携手同行十多千米,最终融为一体。巴西的经济发展与环境保护,也许也是这样的"黑白河"吧！期待着,从遥远的巴西,遥远的亚马孙,看到更多的"绿水青山就是金山银山"的风景。

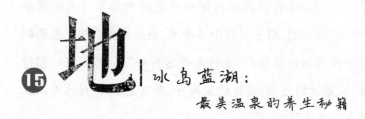

15 地 | 冰岛蓝湖：
最美温泉的养生秘籍

有个朋友告诉我,她一生中最想去三个地方:俄罗斯的堪察加半岛、南极和火星。刚说完,她又叹了一口气道:"这辈子估计去不了火星了,那就去地球上最像火星的地方——冰岛吧!"在她的极力推荐下,2018年5月我去了冰岛。从机场到首都雷克雅未克,一路上看到的都是荒原景色,颇有点登陆火星的味道。到了雷克雅未克,才感受到真正的震撼:一边是雪山,一边是大海,景色壮观至极,还有点烟雾缭绕的感觉。我住宿在一位画家的彩色房子里,洗澡水里淡淡的硫黄味,证明了冰岛的温泉名不虚传。

一

冰岛位于大西洋中脊,美洲大陆和欧亚大陆板块交界处,两大板块的交界线从西南向东北斜穿全岛,产生的裂缝被地球内部喷发的岩浆填补。今天,在雷克雅未克以东大约50千米处还有一条狭长的大裂缝,仍在以每年1厘米左右的速度缓慢分离。1783年到1784年,拉基火山的剧烈爆发导致大批牛羊死亡,人口锐减为3.5万人。

频繁的火山活动,给冰岛带来了丰富的地热能资源,主要分布在板块交界线附近几十千米的范围内。冰岛人习惯把地热区域分为低温区和高温区。热流在地下1000米左右、温度低于150 ℃的地区属于低温区;热流在超过地下1000米处、温度高于200 ℃的地区属于高温区。整个冰岛约有30个高温区和250个低温区,天然温泉更是多达800余处。

"一战"期间,因战争带来的进口煤炭供应短缺加快了冰岛能源转型的步伐。1930年,雷克雅未克建成了第一个以地热为基础的社区集中供暖系统。从20世纪70年代开始,冰岛陆续建设了一批地热电站,装机容量进入全球前十。其中,奈斯亚威里尔地热电站拥有两台发电机组,总装机容量为6万千瓦。该电站建于20世纪90年代初,所处山谷地热区是冰岛能量最为巨大的亨吉尔火山地热区的一部分。冰岛能源公司在此打有20眼地热井,井深为1100米至2000米,蒸汽温度最高达380 ℃。该电站利用在地热井中采集的热蒸汽推动涡轮发电机组发电,并采集地表冷水作为整个采热和发电过程中的冷却用水。这些水在发电冷却过程完成之后会升温到85—140 ℃,然后通过管道输送到40千米外的雷克雅未克市作为生活用水和取暖用水。

目前,冰岛的地热能除了被用于取暖和发电之外,还通过建设地热绿色温室被用于发展生态农业,地热大棚生产出来的香蕉已实现出口创汇。用地热水养鱼,可以缩短鱼苗孵化和生长周期,提高产量,这项举措推动冰岛成为世界人均捕鱼量最高的国家之一。另外,利用地热建立的室内足球场,让年轻人一年四季都可以踢足球。2018年的俄罗斯世界杯上,冰岛1∶1逼平了拥有梅西的阿根廷,人口仅有30多万的小国震撼了全世界,"地热足球"一时成为美谈。

1975年,冰岛向联合国提出申请,希望将联合国大学地热学院设在冰岛。1979年,地热学院正式成立。在以后30多年的时间里,这座学院先后对来自50多个国家的几百名地热科研人员进行了培训。中国自1980年起派人员来这里接受地热培训,目前已经有超过90名技术人员学成归国,大大推动了中国和冰岛之间的地热合作。

中国地热资源丰富,在西藏羊八井和云南腾冲等地都拥有高温地热。不过,中国地热以浅层盆地、中低温为主,比如地处河北雄安新区的雄县就是中低温地热的典型代表。20世纪70年代初,在地质学家李四光的大力推动下,雄县开始了地热供暖。那时的地热开发不具规模,打井后地热水能自喷到地面以上十几米高。雄县地热"埋藏浅、水温高、储量大、水质好"的优势引发了学校、医院甚至个人纷纷打井取暖。由于没有回灌技术,地热水使用过后直接排到地表,导致冬季地热水蒸发后形成的雾气常常让整个县城如若仙境。

2000年以后,雄县的地下水位每年下降10米左右。到2008年11月,许多热水井不再自喷,很多小区冬季已无取暖的地热水。从2009年开始,雄县和中石化旗下的中冰地热合资公司进行深度合作,引入地热水回灌技术,解决了水位下降和环境污染问题,很快取得成效。2014年,国家能源局在雄县召开地热能开发利用现场会,赞扬雄县开发利用地热能进行集中供热,满足了县城90%以上的供热需求,建成了华北首座没有煤烟的"无烟城"。

在雄县成功实践的基础上,中石化进一步联合各方力量,为整个雄安新区提供了"地热+多种清洁能源"的系统解决方案。

二

冰岛的地热电站不仅提供电力和热水,还在不经意间制造出了冰岛最美温泉——蓝湖温泉。这是一个坐落在火山岩之间的地热露天浴池,号称世界顶级疗养胜地。淡蓝色的泉水冒着热气,让人仿佛来到了仙境。泉水里富含多种矿物质,如对皮肤有益的二氧化硅等。蓝湖温泉的热水和硅泥,均来自附近的一家地热电厂。不过,地热电厂产生的热水中还伴生有一定数量的二氧化碳。为此,冰岛人积极开发绿色甲醇技术,既减少地热电厂的碳排放,又能够为汽车、船舶等提供绿色清洁能源。目前,在冰岛一次能源消费中,还有大约15%的燃油,主要用于交通和渔业。

甲醇,也称为"木醇",是一种无色、略带酒精味、水溶性、可生物降解,并且方便存储和运输的液体。1661年,英国科学家首先通过蒸馏黄杨木提取出相对较纯的甲醇,因此甲醇又被称为"黄杨精"。在很长时间内,木材一直是甲醇的主要来源,直到1923年,德国公司建造了第一个采用高压法人工合成甲醇的装置。甲醇是重要的化工原料,可以方便地制成乙烯、丙烯及其衍生品。甲醇还可以作为清洁燃料,取代汽油、柴油用在内燃机里,或者用于新一代甲醇燃料电池中。在瑞典,世界上第一条以甲醇为燃料的客运渡轮已经投入运营。

考虑到化石能源的不可再生性及其对全球变暖的影响,出生于布达佩斯的美籍有机化学家、1994年诺贝尔化学奖得主奥拉(George Andrew Olah)大力提倡"甲醇经济",充分发挥甲醇及其衍生品在交通能源、化工原料方面的优势。

2006年,冰岛碳循环国际公司(Carbon Recycling International)成立,致力于发展绿色甲醇技术。公司邀请奥拉担任顾问,并以他的名字命名公司可再生甲醇工厂,产品注册名是Vulcanol,即在英语单词火山"Vulcano"后面加了一个"l"。经过多年实验室规模的中试、催化剂测试及化学合成条件研究,奥拉可再生甲醇工厂于2011年投入生产,这是当时最大的工业规模的二氧化碳制取甲醇生产设施。4年后,工厂的生产能力从每年1300吨扩大到4000吨。

2015年,长期致力于甲醇汽车研发的浙江吉利控股集团在雷克雅未克与碳循环国际公司签署了一项4550万美元的投资协议,探索在中国推广清洁甲醇燃料合成生产技术。

在与吉利汽车董事长会谈时,时任冰岛总统格里姆松(Ólafur Ragnar Grímsson)从8年前碳循环国际公司实验期间的一滴甲醇,一直讲到现在国际化的新能源事业,并分享了自己看待绿色甲醇产业的心路历程:"在冰岛这样一个国家,人们总是说总统这儿不对那儿不对,但是我相信,在这件事情上我是对的。"

三

冰岛独特的自然景观,吸引了好莱坞的目光,"蝙蝠侠"系列电影就选择在冰岛取景。而冰岛的古老神话传说,不仅成为好莱坞电影的创意源泉,也倾倒了从茅盾到余秋雨的众多中国文人。1929年,茅盾以笔名"方璧"撰写了《北欧神话ABC》,这是中国介绍北欧神话最出名的著作。

北欧神话主要源自冰岛,其巅峰之作是《诸神的黄昏》。奥丁是诸神之王,也是战争之神。为了获取智慧,他把自己的一只眼睛献给了密米尔之泉,于是又成了智慧之神。在最后的大决战中,巨狼芬里尔的血口上撑着天,下顶着地,将奥丁活活吞了下去。最后,火焰巨人苏尔特尔引发的大火烧毁了整个世界,海洋里的水也全被蒸发,空、陆、冥三界的一切,善与恶同归于尽。《诸神的黄昏》最后的火光漫天,隐喻了冰岛频繁的火山喷发。

2008年年底,冰岛迎来了另一个"诸神的黄昏"。从2003年到2008年,冰岛三家主要银行借了1400亿美元的贷款,相当于冰岛GDP的10倍。随着2008年美国雷曼兄弟公司破产,冰岛债务危机浮出水面,迅速引发金融危机,全国失业率大幅攀升,曾经风光无限的冰岛金融家们声名狼藉。有专家分析,冰岛金融危机可以追溯到1991年。因连续几年渔业歉收,该年冰岛政府推出渔业配额制度,渔民可用未来的捕获量担保获得贷款。于是,刚刚清洗完鱼内脏的冰岛人,也在美国文化的影响下,玩起了金融游戏,最终走上了一条不归路。

然而,如同冰岛多变的天气,电闪雷鸣不久就变成了晴空万里。遭受金融泡沫沉重打击的冰岛人很快又站了起来,并加快了深层地热能开发的科技攻关。

早在2000年,冰岛就发起了"冰岛深度钻孔计划(Iceland Deep Drilling Project,简称IDDP)"。这个项目的核心目标是,使钻井深度达到4000—5000米,以了解"超临界含水液体"在400—600 ℃时的性能特点。后来,美国国家科学基金会(National Science Foundation,简称NSF)也加入了这一计划。经过多年不懈努力,在总结失败教训的基础上,2017年2月,深度钻孔计划终于取得突破性进展,钻井深度达到4659米,井底温度为427 ℃,达到超临界状态。以此建设地热电厂,单井的发电规模可高达5万千瓦。

为了进一步发挥在地热能方面的资源、技术与管理优势,冰岛还在持续谋划通过海底管道,将冰岛地热能输送到挪威、英国。同时,冰岛大力推进海外投资,拟投入数十亿美元开发埃塞俄比亚的火山能源。东非大裂谷是世界上最大的断层陷落带,地热资源丰富。随着2019年7月一台新的地热机组投入运营,与埃塞俄比亚相邻的肯尼亚的全国地热装机容量已经达到85万千瓦,超过了冰岛。

　　2019年8月,冰岛总理出席了奥乔屈尔(Okjokull)冰川"告别会",纪念该国因气候变暖消失的第一座冰川。在冰川原址上设置了一块铜制纪念碑,上面刻有一封《致未来的信》,提醒人们未来200年内所有冰川也许都将重蹈覆辙,并警示大家,只有清楚当前发生的事情,才能防患于未然。纪念碑上还标记了"415 ppm CO_2",代表2019年5月检测到大气中二氧化碳含量创下历史新高。1890年时奥乔屈尔冰川面积为16平方千米,到2012年仅剩0.7平方千米,2014年被从冰川名单中删除。在我看来,这既是一场冰川消逝的"告别会",更是一场地热开发的"誓师会"。据说,联合国大会使用的木槌就是冰岛赠送的,槌头上刻着"社会必须建立在法律的基础上"。它既让人想起维京海盗的艰难时代,又提醒人们时代已经发生了变迁。在全球变暖的今天,我憧憬着躺在蓝湖温泉,脸上涂着美颜的硅泥,这来自地热电站的礼物。

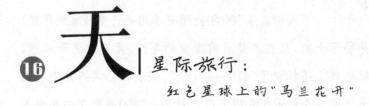

16 天｜星际旅行：
红色星球上的"马兰花开"

　　2017年,我看了俄罗斯电影《太空救援》。这部电影根据1985年的真实事件改编,讲述了苏联空间站上的太阳能系统出现故障,战斗民族的大铁锤在最后一刻砸碎了粘在太阳能系统上的大铁块。于是,太阳能系统正常工作了,制氧系统正常工作了,宇航员有救了,空间站正常工作了。此时,前来准备给苏联空间站收拾残局的美国宇航员,给苏联同行竖起了大拇指。他们是美苏争霸中的对手,更是茫茫太空中的同伴。今天,从婴儿的"尿不湿"到危重病人的重症病房监护室(Intensive Care Unit,简称ICU)设备,太空探索的影响无处不在。如果说,冷战催生了登月工程,那么,登陆火星又和"暖战"有什么紧密关联呢?

一

在外界眼里，在登陆火星的面向星辰大海的征途中，马斯克(Elon Musk)是一个重要的人物。

2001年，三十而立的马斯克首次参加了美国火星学会的一次筹款活动，和火星学会负责人祖布林(Robert Zubrin)谈笑风生。在火星学会的影响下，马斯克于第二年成立了太空探索技术公司(SpaceX)。

美国火星学会成立于1998年8月，当时，700位与会者在美国科罗拉多大学签署了题为"火星：探索时代已到"的宣言书。他们认为，人类去火星的理由非常充分：为了了解火星，我们必须去，火星的生命迹象有助于人类了解自己在宇宙中的真实地位；为了了解地球，我们必须去，通过比较行星学的研究可以深入了解人类活动对地球大气层和环境的影响；为了迎接挑战，我们必须去，开展国际性的火星合作是人类文明"生于忧患，死于安乐"的新动力；为了年轻人，我们必须去，火星项目能鼓励更多渴求冒险的年轻人接受科学知识并创造新兴产业；为了机遇，我们必须去，移民火星给了人类在"大航海"之后第二次开创全新世界的机会；为了人类，我们必须去，把生命带到火星是人类作为生命信使的职责使命与价值所在；为了未来，我们必须去，火星丰富的资源等待即将诞生的人类文明新分支写下新的历史。

祖布林曾任著名的美国洛克希德·马丁航天公司高级工程师，具有丰富的理论与经验。他曾提出"狗拉雪橇去火星"的理念，并在《赶往火星：红色星球定居计划》一书中对如何登陆火星、开发火星提出了全套解决方案。

1909 年, 53 岁的美国探险家皮尔里（Robert Edwin Peary）率领探险队第一个到达北极点。前往北极点的最后一段行程要依靠狗拉雪橇, 为了克服补给方面的困难, 队员们尽可能压缩所带物品的重量与体积, 只准备了干肉饼、茶叶、压缩饼干、炼乳 4 种食物来保证营养。他们优化设计了新型冬季酒精炉, 将泡茶的时间由原来的 1 小时缩短到 10 分钟, 大大提高了进食的效率。通过在北极当地狩猎, 他们还解决了大部分船上和冬季宿营地的食物供给, 保证队员们有新鲜的肉食。

"狗拉雪橇去火星"这一理念借鉴了人类北极探险的经验, 旨在充分利用火星上现有的资源, 制造人类在火星地表生存所需的氧气等必需品, 以及返程推进剂, 从而完成载人飞船火星登陆任务。

火星大气层大约 95% 是二氧化碳, 可以作为氧和碳的主要来源。火星的大气压不到地球大气压的 1%, 需要对其进行压缩以提高化学反应的速度。在从二氧化碳分离出碳和氧的过程中需要氢气, 少量氢气可以从地球带去, 而大规模的氢气制取还得依靠火星近地表很可能存在的水。有了碳、氢、氧, 就可以在火星上生产火箭推进器使用的燃料, 还可以通过合成乙烯制造塑料。此外, 火星上常见的二氧化硅可以用于制造陶瓷和玻璃, 火星富含的赤铁矿可用于炼钢, 占火星地表物质质量 4% 的铝也可以提炼出来。形成有机物的四大元素: 氢、碳、氮、氧在火星上都广泛存在, 可以用于农业生产。

在火星上，可以通过太阳能、风能和地热能发电，还可以进行核能发电。也许，登陆火星会吸引一批真正的科研人员，在火星上排除外界干扰，一心一意搞定人类的终极能源——可控核聚变。用核聚变作为推进燃料，人类去火星可能只需要几周而不是几个月。

在祖布林看来，新时代的火星探索，类似于当年发现北美。火星周围有数量极多的小行星，被称为"主带小行星"，它们可能会像西印度群岛一样资源丰富；而月球则像格陵兰岛一样，虽然靠近中心地区但是资源贫乏。

二

在太空探索中，总集成商出镜率较高。其实，作为创新生态的一部分，小国家、小公司也可以发挥重要的作用。

2018年，美国行星资源公司在印度发射的小型Arkyd-6卫星完成了任务目标。根据该公司总裁兼首席执行官的介绍，"航天器成功展示了其分布式计算系统、姿态控制系统、带有可部署太阳能阵列和电池的发电和存储装置、恒星追踪器和反作用轮以及首款在太空中运行的商业中波红外成像仪"。其中，中波红外成像仪拍摄了阿尔及利亚一家炼油厂的照片，检测到炼油厂火焰塔的热信号。此外，这种成像仪还能检测到水，这对行星资源开采，乃至未来的移民火星至关重要。

2015年，美国国会通过了《太空采矿法》，明确允许美国公司可以拥有自己开采的小行星资源。2016年，卢森堡与行星资源公司建立合作关系，为致力于太空开采的企业提供早期资金支撑。2017年，卢森堡议会通过了太空资源探索与使用法律草案，草案规定：只要取得卢森堡政府的运营许可（在卢森堡拥有分支机构或者办公室），哪怕公司总部不在卢森堡，也可以获得该法律保护。

20世纪80年代以前，卫星都由政府出资或受政府管控。但是，卢森堡改变了这种格局。1985年，总部设在卢森堡的欧洲卫星公司（现名为"欧洲卫星全球公司"）发射了一颗卫星，让卢森堡成为接下来太空通信行业发生翻天覆地变化的"领头羊"。"欧洲卫星全球公司"是欧洲首家私营卫星运营商，现已成为全球第二大商用卫星运营商。

2018年，在Arkyd-6卫星发射成功后，行星资源公司被一家区块链公司收购，暂时退出小行星采矿的行列。而另一家初创公司，旋转发射公司（Spinlaunch），则提出了把卫星"甩"到太空的思路，吸引了空客、谷歌、制药巨头拜耳集团等大佬的投资，成为新的时代宠儿。

旋转发射公司创立于2014年，2016年在洛杉矶建造了一个直径为12米的测试样机，取得了初步测试成功。2019年，公司在美国新墨西哥州开始建造一台直径为40米的测试机。他们的目标是建造一座比足球场还要大的离心机，然后利用机器内部几十米长的旋转机械臂，把物体像"扔铅球"一样"甩"向60千米的高空，再利用火箭把卫星发射到空气稀薄的遥远太空，以此避开0—30千米空中阻力大、消耗火箭燃料多的难题，从而大幅节约成本。

三

随着时代的发展,虽然我国目前也拥有了一批民营航天公司,并显示出很好的发展潜力,但"唱主角"的依旧还是"国家队"。2020年7月23日中午12时41分,在海南文昌卫星发射中心,我国使用"长征五号"遥四运载火箭将首颗火星探测器"天问一号"发射升空。2021年5月15日7时18分,"天问一号"着陆巡视器成功着陆于火星乌托邦平原南部预选着陆区,我国首次火星探测任务着陆火星取得圆满成功。

中国的航天事业也经历了中华人民共和国成立70多年的时代变迁。共和国成立初期,在全国人民大力支持下,东方红卫星成功发射。20世纪80年代,为了全面实施改革开放,国家集中力量发展经济,航天事业暂时放缓。一位中国航天人曾在一所大学的毕业典礼上分享了自己的人生体会:在那个"搞导弹不如卖茶叶蛋"的年代,清贫、清苦、清闲是他当时的工作写照。那时,身边很多人都选择了离开,但单位老同志提醒他,"找到一个自己热爱的工作不容易,年轻人别虚度了青春"。于是,他留了下来,在研究室里除了一件接一件地做一些看似非常基础、简单、枯燥的所谓"打杂"工作,就是埋头于运载火箭的技术资料与历史文献中。也正是在这段"空闲期",他广泛涉猎了火箭总体设计的方方面面,为后来的发展打下了扎实的基础。进入20世纪90年代后,航天研制任务多了起来。1997年,在他担任某火箭总体主任设计师时,发生了火箭整流罩严重超重问题,如果不能实现减重,将带来总体方案重大反复,严重影响载人航天工程进度。总体作为设计源头，没有退路可言。他带领团队，从质量分配、载荷计算、材料选择、工艺优化等各个角度考虑，进行整流罩瘦身，最终成功实现减重。航天工作听起来"高大上"，其实很多时候是在一点点把细节做好！

进入21世纪，随着改革开放的深入，在相对和平的国际大环境下，2007年8月，海南文昌航天发射场被批准建设，承载着"发射能力强、运载效率优、安全系数高、生态保护好"的世界一流建设目标。海南航天发射场与我国现有的酒泉、太原、西昌三个发射场相比，有"五大"突出优势：一是纬度低，与较高纬度发射场相比，可以充分利用地球自转速度，提高运载器效率。二是射向宽，满足90度至175度射向范围要求。三是安全性好，射向面朝大海，火箭残骸落区位于海上，最大限度降低火箭航区和残骸落区安全隐患。四是运输限制少，可以采用海运方式运输新型大尺寸航天产品，经济又可靠。五是综合效率高，发射场可发展空间大、运行费用低、限制因素少，利于开展对外合作，为中国航天发射场的可持续发展奠定基础。2016年6月25日，海南文昌航天发射场承担第一次发射任务，中国新一代长征七号运载火箭发射成功！在蓝天、白沙、碧海、椰林的环抱中，发射场成了海南国际旅游岛上一道集发射、科普与旅游于一体的新风景。

近年来，中学生对国家航天事业的兴趣越来越浓厚，甚至有些人已加入了航天事业。2016年12月28日11时23分，"长征二号丁"运载火箭托举着我国第一颗商业遥感卫星"高景一号"，从太原卫星发射中心飞上太空。在指挥控制大厅观看发射的北京市八一学校学生激动得说不出话来，不仅因为这是他们第一次在现场观看航天发射，更重要的是，同学们亲手研制的我国首颗中学生科普卫星"八一·少年行"也搭载着这枚火箭飞向太空。这个立方体卫星，长约12厘米、宽约11厘米、高约27厘米，卫星载荷创意为：对地拍摄、无线电通信、对地传输音频和文件、快速离轨试验。在南京开展技术攻关期间，同学们加班加点，连美味的鸭血粉丝汤都无暇细细品尝。这段激情燃烧的岁月成为他们人生中的宝贵经历，尽管他们未来可能从事航天之外的职业。

从"东方红"卫星到"八一·少年行"中学生科普卫星，航天事业与共和国每个阶段的发展重点紧密联系在一起。随着中国载人航天工程的深入推进，更多的能源专家参与了未来地外能源生态系统的建设，如太空采矿、智能发电、储能技术等，航天，为综合智能能源系统的构建提供了很好的应用场景。而能源领域之外的更多产品，也通过科学实验、商业广告等多种形式，被打上了"太空"的烙印。

航天，是一项伟大的事业。在美国佛罗里达州的肯尼迪航天中心，有一座巨大的深色大理石纪念碑，能反射出蓝天白云。历史上殉难的宇航员的名字被镶嵌在纪念碑上，由纪念碑背后的阳光和人工光点亮。可移动底座始终跟随着太阳转动,宇航员的名字永远在蓝天白云中闪闪发光。这让我想起了电影《我和我的祖国》中研制原子弹的科研人员的故事。在冷战风云中,在坚强的马兰花的陪伴下,中国科研人员在大西北荒漠研制成功"两弹"。一位研究核聚变的科学家告诉我,当前可控核聚变存在的主要问题:一是反应机理还不够清楚,有时会莫名其妙地"熄火";二是核聚变所需的上亿度高温要通过磁场约束,但是用于磁场约束的设备仍然需要合适的耐高温材料。在"暖战"时代,登陆火星的意义不仅仅是为人类提供一处备选的避难之地,更重要的是在火星上为人类提供一个安静的科研基地,而火星周围的小行星带或许可能提供合适的高温材料。我们期待着可控核聚变或者其他颠覆式能源技术在火星等外太空实现,也期待着又一个"马兰花开"的故事。

金融篇

+7.03

+4.1

-4.17

17 **市** 碳市场：
　　鲜衣怒马"卖碳翁"

　　2019年6月，北京大学委托一家招标代理机构，发布了北京大学2019年度购买碳排放权交易服务项目公开招标公告，采购内容是北京大学向供应商一次性购买约2.6万吨北京市碳排放权，供应商应按招标文件要求具备在项目实施地点的环交所进行碳排放交易的能力，并协助招标人完成相关交易工作等。北京大学为什么需要购买碳排放指标呢？

一

我国关于碳减排的概念，要从清洁发展机制说起。

清洁发展机制（Clean Development Mechanism, 简称CDM），是《京都议定书》中引入的灵活履约机制之一。核心内容是允许发达国家与发展中国家进行项目级的减排量抵消额的转让与获得，在发展中国家实施温室气体减排项目。简单地说，发达国家要完成碳减排目标，既可以在本国减排，也可以到中国等发展中国家购买减排指标。比如，购买中国风电厂的发电量碳减排指标。用了风电厂的电，就相当于减少了火电厂的发电量，而这部分发电量由燃煤折合成的碳排放，就是这座风电厂的碳减排指标。

2005年2月16日，《京都议定书》生效，规定了缔约方（主要是发达国家）在第一承诺期（2008—2012年）的温室气体减排义务，不同的发达国家和地区有所不同。比如，欧盟承诺在1990年的基础上降低8%，日本则为6%，这为CDM项目开展提供了巨大的市场空间。2005年12月，世界银行与江苏两家公司签署了金额高达9.9亿美元的一笔减排量购买协议，这是当时全世界最大金额的一笔碳交易合同，合同中减排的温室气体HFC-23是一种不破坏臭氧层的环保制冷剂，但是所具有的全球增温潜势相当于二氧化碳温室效应的11 700倍。这笔大合同的签订，进一步引起了社会各界对CDM的广泛关注。

同年，中国五大发电集团之一的大唐集团也开启了CDM咨询服务，我因在电网公司的从业经历也参与了大唐集团CDM办公室的早期工作，去呼和浩特进行调研，并参与了CDM办公室新员工的培训工作。后来,CDM办公室的小伙伴们出去创业,公司现在已经拥有一支近200人的低碳创新团队,开展了低碳智库、企业碳管理、第三方业务、低碳信息化、教育培训等业务,成为有影响力的低碳综合服务商之一。

2008年开始,在全球金融危机和经济下行的影响下,发达国家碳约束指标相对宽松,影响了CDM业务在2012年第一承诺期结束后的延续。从2013年开始,欧盟只购买最不发达国家和小岛国的CDM项目产生的碳减排指标。尽管如此,从整体效果看,CDM依然对包括中国在内的全球清洁能源发展起到巨大的推动作用。

根据联合国气候变化框架公约(United Nations Framework Convention on Climate Change,简称UNFCCC)网站2018年的一份报告,在过去的17年中,全球累计拥有注册的CDM项目7803个,共有140个国家参与,其中风电和水电项目排名前两位,各占31%和26%的份额。CDM项目在气候和可持续发展上吸引了3038亿美元的投资,超过84万人获得清洁饮用水,超过1.5亿棵树被种植,扩大了气候变化行动的影响力。

二

CDM是发达国家与发展中国家之间的交易,而发达国家也有自己内部的碳排放交易体系,如欧盟碳排放交易体系、美国区域温室气体减排行动、加州-魁北克碳市场、韩国碳排放交易体系、瑞士碳排放交易体系、新西兰碳排放交易体系等。其中欧盟碳排放交易体系最为成熟、最具规模，覆盖的经济体量也最大，在国际碳交易市场上起到了示范作用。

欧盟碳排放交易体系成立于2005年，涵盖了所有欧盟国家/地区以及挪威、冰岛、列支敦士登3个国家，限制在这些国家/地区运营的超过1.1万个重型耗能设备（发电站和工厂）和航空公司的碳排放，覆盖电力、化工、钢铁等行业，占欧盟二氧化碳排放总量的45%。欧盟制订并逐步完善了碳市场总量设定、配额分配、MRV（监测、报告、核查）等标准和规则，建立了较为完备的政策法规体系。

2005年，欧盟碳排放交易体系固定设施碳排放量[EU ETS（stationary）]为23.4亿吨，到2017年降为17.3亿吨，电力行业贡献巨大。欧盟碳排放交易体系加快了欧盟国家煤电的淘汰，推动了气电装机的大量增加，大大促进了可再生能源的发展。2012—2017年，煤炭消耗每年下降4.9%，天然气每年增长0.4%，风电、太阳能等可再生能源每年增长8.6%。2017年，欧盟国家发电总量中核电占比为25.6%，是欧盟第一大电源；其他电源占比依次为天然气（19.7%）、风电（11.2%）、硬煤（11.0%）、褐煤（9.6%）、水电（9.1%）、生物质能（6.0%）、太阳能（3.7%），以及其他化石能源（4.1%）。如果在可再生能源中不计水电，则2017年欧盟的风电、生物质能和太阳能发电在历史上首次超过了煤电。2018年，随着日益加强的碳价信号，欧盟碳市场会员国通过出售碳排放交易系统（Emission Trading Scheme，简称ETS）配额获得创纪录的收入，约为140亿欧元，比2017年的收入增加一倍还多。根据立法要求,成员国需要将这些收入中超过一半的金额用于推进气候与能源目标的实现。

2005年以来,随着欧盟碳市场供给与需求的变化,特别是受2008年全球金融危机影响带来的碳需求下降、碳配额宽松,碳价经历了过山车一样的变化,曾经下跌到1欧元/吨以下。

在碳市场的作用下,英国煤电发电量降速明显,天然气发电量快速增加。2014年,天然气取代煤电,成为第一电源。2017年,风力发电、生物质能发电量均超过煤电。英国政府宣布,2025年前关闭全部燃煤电厂。

自20世纪90年代起,德国开始推行能源转型政策。现在,可再生能源发电已经超过化石能源发电。2020年,德国可再生能源发电量已占总发电量45%,其中风电占24%、光伏发电占9%、生物质能发电占8%、水电占3%。相比之下,化石能源比例分别是,褐煤发电占16%、无烟煤发电占8%、天然气发电占16%。目前,核电在电力系统中处于配角位置,仅占总发电量的11%。德国计划到2038年关闭所有燃煤电厂。

三

2011年,国家发展和改革委员会发布《关于开展碳排放权交易试点工作的通知》,同意北京市、天津市、上海市、重庆市、湖北省、广东省及深圳市开展碳排放权交易试点,标志着中国碳交易从规划走向实践。7个试点区从2013年至2014年陆续开始交易,由此拉开了我国碳市场从无到有的序幕。2016年12月,福建碳市场建立,中国碳市场建设稳步推进。试点的运营为全国碳市场的建设提供了示范和经验，也折射出全国碳市场建设的潜在方向。

8个试点区已基本形成要素完善、运行平稳、成效明显、各具特色的区域碳排放权交易市场，覆盖了电力、钢铁、水泥等多个行业重点排放单位，履约率保持较高水平，并呈逐年递增趋势。碳市场的有效运作不断提升了控排企业的低碳意识，促使试点范围内的碳排放总量和强度实现了双降。

北京缺少大型工业企业，碳市场纳入标准是5000吨二氧化碳。北京大学2019年除了免费给予的碳排放指标外，还需要掏钱购买2.6万吨碳排放指标，可见北京大学在北京市也算是碳排放大户了。究其原因，空调和供热可能是主要排放源。根据招标结果，北京大学划出169万元，从北京一家咨询公司购买了2.6万吨碳排放指标。这些年，很多大学都对学生宿舍进行了改造，加装了空调。看来，在电费之外，还需要考虑碳排放的费用了！

在碳排放交易试点的推动下，自2013年开市以来，上海连续5个履约期实现重点排放单位100%按时履约，纳入企业碳排放量比2013年累计下降7%，消耗煤炭总量累计下降11.7%。电力行业在"十二五"期间完成中小燃煤锅炉和窑炉清洁能源替代或关停。火电平均供电煤耗下降到300克/千瓦时，二氧化碳排放量减少至1.1亿吨。自2014年至2017年，上海火电装机容量占比呈现逐年下降趋势，由97.95%下降到94.63%，与此同时，新能源在总发电装机容量中的占比逐年提升，电源结构日趋优化。

2017年12月，我国宣布启动全国碳市场。目前，国家正在加快出台重点排放单位的温室气体排放报告管理办法、核查管理办法、交易市场监督管理办法,以形成比较完整的制度体系,为碳市场运行奠定制度基础。

2019年11月,生态环境部发布《中国应对气候变化的政策与行动2019年度报告》。报告显示,2018年中国单位国内生产总值(GDP)二氧化碳排放(即"碳强度")下降4.0%,比2005年累计下降45.8%,相当于减排52.6亿吨二氧化碳,非化石能源占能源消费总量比重达到14.3%,基本扭转了二氧化碳排放快速增长的局面。

2019年,全国8个试点碳市场碳配额累计成交量约6.96千万吨二氧化碳当量,累计成交额约15.62亿元人民币(见表1),分别比2018年同比增加了11%和24%。2019年各试点区碳市场配额数据见表1。

表1 中国试点地区碳市场配额数据(2019年)

试点碳市场	配额总成交量/吨	配额总成交金额/元	配额总成交均价/元·吨$^{-1}$
福建	4 065 266	68 681 147	16.89
广东	44 659 311	846 579 709	18.96
湖北	6 128 611	180 772 065	29.50
天津	620 484	8 685 172	14.00
重庆	51 160	353 538	6.91
北京	3 068 544	255 530 753	83.27
上海	2 610 222	109 961 028	41.70
深圳	8 425 353	91 311 321	10.84

四

2020年9月,中国在联合国大会上提出2060年前努力争取实现碳中和的目标,给碳市场注入了强大的动力。2021年7月,全国碳排放权交易市场正式启动,发电行业是首个纳入全国碳市场的行业。经过10多年的努力,中国电力行业的低碳发展已经取得了很大的进步,每千瓦时供电碳排放从2005年的900克左右下降到目前的600克左右,这对中国以煤为主的发电结构非常不易,但是比全球的平均水平450克左右仍高出了约30%。

根据相关专家研究,目前全球主要国家的供电碳排放从低到高大致分为以下几种类型:近零排放国家(100克以下),如挪威、瑞典、瑞士、法国等;超低排放国家(100—200克),如新西兰、加拿大、奥地利、芬兰、丹麦、比利时等;低排放国家(200—300克),如英国、匈牙利、西班牙、葡萄牙、意大利等;中排放国家(300—500克),如德国、荷兰、智利、美国、捷克、土耳其、墨西哥、以色列、日本等;高排放国家(500克以上),如韩国、希腊、爱沙尼亚、中国、印度、波兰、澳大利亚、南非等。其中一些碳排放较低的国家已经完成碳中和目标的立法,如瑞典(2045)、英国(2050)、法国(2050)、丹麦(2050)、新西兰(2050)、匈牙利(2050)。

碳中和国家并不是一吨碳都不可以排放,而是碳排放和碳汇(又称碳吸收)之间要尽量达到平衡。一些对碳市场敏锐的跨国公司,已经在项目投资决策时考虑了碳成本/收益的影响。此外,"一带一路"相关国家的碳市场建设,以及与中国碳市场的协同,也引起了业内的高度关注。

几年前，我参加一家能源集团组织的碳交易培训班，讲课的老师正是昔日出去创业的小伙伴。他们在高谈阔论之际，也讲述了一个令人有点心伤的小故事：一个女员工在郊区核查一个偏僻锅炉的碳排放时被狗咬了，从此再也不敢一个人出来核查了。碳交易听起来"高大上"，其实在项目核查时却有大量的基础工作要做，在现场核查时还有不少危险点。曾经，这个圈子里的人认为未来的碳市场规模可以达到石油市场，但这个拐点会是什么时候呢？古时的卖炭翁"心忧炭贱愿天寒"，当下的"卖碳翁"呢？

⑱投 | 围城内外：
挪威石油基金VS中国绿色金融

2019年，因股市上涨，全球最大的主权财富基金——挪威政府全球养老基金（Government Pension Fund Global，简称GPFG）投资回报率达到19.9%，收益创下历史纪录，为1.69万亿挪威克朗（约合1992亿美元），相当于每个挪威人收益3万美元。该基金在全球拥有9000多家公司的股份，占所有上市股份的1.5%，此外还投资于债券和房地产。截至2019年底，该基金管理的资产总值达10.09万亿挪威克朗，相当于7.53万亿人民币。只有500多万人的挪威，为什么会这么有钱呢？

一

挪威,被誉为"欧洲的沙特阿拉伯",丰富的油气资源是其最重要的出口商品。坐落于斯塔万格的挪威国家石油博物馆,叙说着这个国家的石油故事。1959年,荷兰人在北海发现了格罗宁根(Groningen)气田,这让挪威人发现了北海存在碳氢化合物的可能。1963年5月,挪威政府宣布对挪威大陆架拥有主权,并规定大陆架上的任何自然资源都属于挪威国家所有。1965年3月,在中线原则的基础上,挪威与丹麦和英国达成了关于大陆架划界的协议,其中一部分原来有争议的区域划归挪威所有,后来在此发现了丰富的油气。1969年圣诞节前夕,在距离斯塔万格320千米的埃科菲斯克(Ekofisk)区块发现油气,该区块是有史以来发现的最大的海上油田之一。如今,油田上屹立着比足球场还大的"亚历山大·基兰"号钻井平台,5根钢柱插入海床,支撑着1万多吨的4层平台,井架高出海面49米。

然而,石油开采并非仅有财富和荣耀,还有事故和眼泪。挪威国家石油博物馆用一面墙记录了一段令挪威人悲伤并且难以忘怀的历史:1980年3月27日夜,埃科菲斯克油田附近的海面上突发9级大风,6米高巨浪夹带着冰块向平台扑来。晚上6点30分,随着一声震耳欲聋的巨响,平台5根支柱中的一根发生断裂。15分钟后,整个平台消失在21米深的海底。先后有81艘船舶、20多架直升机赶来营救,但只成功救活89人,仍有123人遇难。

在即将走出博物馆前,一个"你觉得未来地球会怎么样"的问题摆在访客面前,访客必须在"好"与"差"两道门中做出选择，由此可见挪威人对能源转型、气候变化的高度关注。作为油气主要出口国之一，截至2017年底，挪威电动车登记量约为14.25万辆，比上一年增长40%，这让挪威成为世界人均电动车拥有量最高的国家之一。此外，挪威还计划在2025年禁用燃油车。

2018年3月，挪威国家石油公司Statoil宣布将公司名称更改为"Equinor"。这是公司自2009年改名以来再次宣布更换名称，全新的形象将石油字眼从名称和LOGO中拿掉。该公司在改名记者会上解释，新名Equinor是由equi，也就是"平等、公正与平衡"的字根，与挪威英文缩写NOR合并而成。相关人员在声明中强调，"Equinor是代表我们是谁、我们的过去、我们的未来的有力字眼"。当然，能源转型是一个长期的过程，挪威国家石油公司依然在开采石油，它只是准备通过风电等可再生能源为新的海上油田提供电力，降低碳排放。

在今天的挪威政府全球养老基金中，油气企业乃至能源企业投资占比并不多。截至2019年底，挪威政府全球养老基金的前20大重仓股名单上出现了两只中国股票，分别是阿里巴巴和腾讯控股，持仓市值分别为519.92亿挪威克朗（约401.3亿人民币）和340.56亿挪威克朗（约263.3亿人民币）。而前五大重仓股则是：苹果公司、微软公司、谷歌母公司Alphabet、雀巢公司、亚马逊公司，持仓市值分别为1169.67亿、1046.4亿、778.31亿、716.86亿、686.31亿挪威克朗。

挪威政府全球养老基金起源于挪威石油，目前主要收益来自美国的高科技产业,但也开始分享着中国高科技企业的成长与成熟。

二

挪威政府全球养老基金前身为石油基金,在《挪威养老基金法》通过后进行了更名。在该基金向全球众多行业投资、创造万亿美元神话故事的同时,中国则集中社会资源,大手笔地投资绿色金融,使绿色金融市场规模不断扩大,产品服务创新不断涌现,形成了另一个万亿美元的投资故事。

近年来,中国绿色基金、绿色保险、绿色信托、绿色 PPP (Public-Private Partnership)、绿色租赁等新产品、新服务和新业态不断涌现,有效拓宽了绿色项目的融资渠道,降低了融资成本和项目风险。当前,中国已经成为全球最大的绿色金融市场之一。2020年6月末,中国主要金融机构的绿色贷款余额达11万亿元。自2016年1月中国启动绿色债券市场至2020年6月底,中国在境内外累计发行绿色债券1.2万亿元,超过同期全球绿色债券发行规模的20%。中国积累的一些成功经验也已经开始被国际社会所借鉴。

针对绿色产业概念泛化、标准不一、监管不力等问题,国家发展和改革委员会会同有关部门研究制定了《绿色产业指导目录(2019年版)》,对节能环保产业、清洁生产产业、清洁能源产业、生态环境产业及基础设施绿色升级、绿色服务方面加以分类。此外,还编制了《绿色产业指导目录(2019年版)解释说明》,对每个产业的内涵、主要产业形态、核心指标参数等内容加以解释。比如,对光伏电站项目光伏组件的初始光电转化效率、一年内的光衰及以后的光衰分别提出了技术要求。

长期以来,中国能源消费以煤为主,煤炭清洁利用属于绿色金融的范畴。为促进中国绿色债券相关标准的国际化接轨,2020年,中国人民银行会同国家发展和改革委员会、中国证券监督管理委员会发布了《绿色债券支持项目目录(2020年版)》(征求意见稿),其中删除了化石能源清洁利用等具有较大国际争议的类别,不再单独设置煤炭清洁利用和清洁燃油类别,同时首次纳入碳捕集利用与封存(Carbon Capture, Utilization and Storage,简称CCUS)和超低能耗建筑。

2019年,全球有超过30%的绿色债券募集资金投向包括超低能耗建筑在内的绿色建筑领域,而中国发行的人民币绿色债券投向建筑节能与绿色建筑领域的占比仅约3%。相关专家认为,目前导致有些绿色建筑项目回报不高的原因很多,如消费者对绿色建筑认识不足,不能充分理解绿色建筑的节能、节水和舒适性增加等好处;消费者不完全相信开发商所宣称的绿色建筑的好处;绿色建筑在融资便利性、融资成本方面还缺乏优势。但是,参考发达国家的绿色建筑市场,中国绿色建筑市场还有很大发展潜力。根据专家预测,"十四五"期间,一星级以上绿色建筑在未来可每年建设4亿—6亿平方米,相应地未来每年的绿色建筑开发投入资金需求会在3万亿—5万亿元。这么大规模的投资需求,绝大部分需要依靠各类社会资本的投入,其中,绿色金融政策和绿色金融工具将发挥重要作用。

三

2020年7月15日,中国国家绿色发展基金股份有限公司正式揭牌,标志着中国生态环境领域第一支国家级投资基金——中央财政出资100亿元、总规模885亿元的国家绿色发展基金正式设立。该基金在首期存续期间主要投向长江经济带沿线11省市,同时适当投向其他区域。该基金实行公司化运作,出资方除了中央财政,还包括长江经济带沿线11省市、部分金融机构和相关行业企业。基金将重点投向环境保护和污染防治、生态修复和国土空间绿化、能源资源节约利用、绿色交通、清洁能源等绿色发展领域。国家绿色发展基金股份有限公司筹备组组长介绍,目前筹备组已储备各类项目约80个,并对固废处理、垃圾焚烧、清洁能源、电池回收利用、充电桩等十几个细分行业进行了分析和研究。

挪威政府全球养老基金对中国权益市场的投资始于2004年。2019年,新买入中国企业股票212只,公开的持股名单中共有445个中国企业。截至2019年底,该基金对中国企业持仓市值约3087.4亿挪威克朗(约2386.7亿人民币),在披露的2019年全部股票持仓中占比约4.3%。中国是其投资力度最大的单一新兴市场,在所有投资国家中位列第七,是唯一挤进前十的新兴市场国家。个股层面,阿里巴巴、腾讯控股、建设银行、中国平安和工商银行稳居挪威政府全球养老基金中国企业股票持仓规模前五,而中国银行等多个企业则是该基金持仓时间超过10年的企业。在投资国家绿色发展基金的部分金融机构中,有中国银行、建设银行、工商银行,以这些中国金融机构为纽带,将挪威政府全球养老基金和中国绿色金融联系在一起,共享中国应对全球变暖带来的红利。

和绿色金融紧密相关的是环境、社会和治理(Environmental,Social and Governance,简称ESG)原则,其中,碳排放是环境部分的重要指标。2004年,联合国全球契约组织正式提出ESG概念,将环境、社会和治理因素作为衡量可持续发展的重要指标,得到世界各国政府的高度重视。近年来,中国一些上市公司实施了ESG报告,部分投资机构推出了一系列ESG理财产品。但是,就整体而言,中国ESG仍存在评价体系不够健全、披露数据严重不足等问题,还需要学术界与企业界的共同努力,以及区块链、电子商务等科技手段积累下大数据资源的支持。

和挪威政府全球养老基金一样,2019年,中国的主权财富基金中投公司年对外投资净收益率也处于历史较高水平,跻身全球主要大型主权财富基金之列。面对越来越复杂的投资环境,在2020年中国两会期间,来自中投公司的全国政协委员提交了名为"关于尽快探索设立'责任投资'的中国标准,大力推动中国ESG投资实践"的提案。他们建议,搭建符合中国国情的ESG评价体系,敦促机构投资者尤其是社保基金、主权财富基金等长期资产管理机构将责任投资纳入投资评价体系。

挪威政府全球养老基金高度关注ESG,在其官方网站上有一个"非投资公司列表"。由于道德和社会影响等原因,挪威政府全球养老基金不会购买这些公司的股票。比如，某矿业巨头曾经因为对印尼的某矿场环境和施工安全保护不好，被列在非投资公司列表上，但在该集团将此矿场出售以后，就可以重新进入投资范围了。

从挪威政府将石油收入投资于各行各业，到中国企业将社会资源注入绿色金融，颇有一种围城内外的感觉。那么，有趣的问题来了：绿色金融的真正边界究竟在哪里呢？

近年来，量子科技风起云涌。在"量子反常霍尔效应"发现者薛其坤院士看来，现在全球一年产生的数据量需要数百亿个存储量为 1 TB 的硬盘才能存储完，而未来量子存储设备如果开发出来，则只需要指甲盖大小就能将人类几百年的信息存储进去，高密度、低能耗的信息存储能够极大地降低全社会数据中心的用电量。那么，对量子科技的投资属于"绿色金融"的范畴吗？

险 | 再保险：

19 这一次还可以"精算"吗？

　　精算师，一个神秘而高薪的职位。精算师是各大保险公司内具备专业金融知识的数学专业人员，主要从事保险费、赔付准备金、分红、资产负债管理等的计算。一位获得北美精算师正式会员资格的女孩说，她喜欢在工作之余潜水，因为潜水和精算师的工作有共通的地方，即都需要冷静的判断。然而，全球变暖的诸多不确定性却给精算师的"精算"带来了难题。不过，也带来了机遇。

一

精算师,听起来似乎遥远,其实和老百姓的生活非常密切。比如粮食问题,由于靠天吃饭的特点,一场极端灾害事件(如干旱、洪水、台风等),往往可能造成农业巨灾。这种灾害,在金融界被称为"系统性风险"。当这些风险造成的损失超出保险公司的风险承受能力时,保险公司就会和再保险公司签订一个合同,把保险公司的一部分风险转移给再保险公司。对这种责任重大的风险进行评估时,就离不开精算师的"精算"。

全球变暖深刻影响着农业生产和再保险。随着科技的发展和进步,现代农业几乎对农作物生长的每一步都可以实现精确的控制,播种、施肥、灌溉、收获,甚至可以控制农作物的种子和基因。但是到目前为止,唯一控制不了的,就是天气变量,如温度、湿度、降水等。

传统的农业保险基于农作物的产量损失,但是查勘定损非常烦琐,同时存在道德风险。一个较好的替代方法是开发出天气指数保险,这种保险的好处是能够最大限度地排除人为因素的干扰,但是有可能和农民实际发生的损失不符,因此需要在设计指数保险时尽量减少天气指数与实际产量之间的误差。

近年来,气候变化导致的极端灾害事件是中国农业生产面临的一大难题。比如,2007年夏季高温少雨导致的严重夏旱,使黑龙江全省农作物受旱面积达712.89万公顷,直接经济损失164.46亿元。为此,瑞士再保险公司协助黑龙江省财政厅签订了全球首例通过雷达遥感方式承保针对农业相关标的洪水损失的保险保障,这也是中国首个农业巨灾指数保险。该项目通过运用卫星雷达遥感指数、标准化降水蒸发指数、低温指数和降水过多指数,为黑龙江省28个贫困县提供了包括流域型洪水、干旱、低温和降水过多等自然灾害的保障。

在全球气候变化的大背景下,为了预防极端天气导致的灾害,需要准确的气候预报,这也依赖于对各种天气现象统计特征的准确总结。可喜的是,天气预报和气候预报一直在这方面取得进步。比如,2010年俄罗斯热浪和2013年美国寒潮,都提前1—2周被预测出来。

成功的预测,无疑有助于抗灾,但是重大损失还是避免不了,而且越来越频繁的灾害会导致保险公司提高收费标准。用户能够接受吗?这是保险公司,特别是再保险公司所面临的重大挑战。

二

瑞士是全球保险业中心之一。1861年5月的一个晚上,瑞士东部一个繁华小镇上的一座房子发生了火灾。顷刻之间,大火吞没全镇。天亮时,小镇的2/3被烧成灰烬,3000人无家可归,巨额损失达到1000万瑞士法郎。就是这场大火催生出瑞士的一系列保险公司,1863年成立的瑞士再保险公司就是其中之一。

经过150多年的发展,瑞士再保险公司已成为全球最大的再保险公司之一,2019年在美国《财富》杂志世界500强排名中名列233名。

如今,气候变化已成为让瑞士再保险公司担心的一种威胁。对保险行业来说,由全球变暖不断加剧导致的飓风、野火、干旱、洪涝、雷暴等极端天气事件的强度和发生频率,已经从一个未来的生态演变成了眼前的经济冲击。据统计,2017年是有记录以来保险商此类巨灾成本最高的一年,为3000多亿美元。目前,中国巨灾险赔付占经济损失的比例约为10%,而北美地区一般是50%—60%。

多年来,瑞士再保险公司一直为拥有较完善的灾害模型骄傲。然而,近年来全球巨灾和相应保险公司赔付数量的激增,促使瑞士再保险公司不得不进一步加强对相关模型的研究,尤其是潜在损失巨大的飓风模型。在瑞士再保险公司的研究模型中,实际飓风显示为一条被称为"妈妈"的红线,而所有理论变体则显示为被称为"女儿"或者"意大利面"的黑线。据报道瑞士再保险公司与哥伦比亚大学、麻省理工学院相关专家一起深入研究,利用大规模计算能力广泛创造"人工"风暴,深入研究每根"意大利面"踪迹可能带来的损失,而不是简单照搬以前的历史数据。研究表明,较高的气温会让较多的海洋水汽进入大气,让飓风变得更猛烈,但是气温上升也会提高空气的吸湿能力,由此带来的"相对湿度"和"饱和差"两种湿度指标会对飓风的大小产生截然相反的影响。此外,在不同高度出现的速度和方向不同的"风切变"也会对模型产生复杂的反馈,抵消飓风带来的影响。

瑞士再保险公司研究院发布的《经济积累和气候变化时期的自然灾害》报告重点关注了气候变化以及其他造成

自然灾害损失不断加剧的风险驱动因素。报告旨在解密复杂的气候变化,并阐明其对保险行业的影响。报告认为,对于与全球气温上升直接相关的风险,如冰川融化和海洋面积扩大导致海平面上升、高温天气更长且更频繁以及极端降雨等,其确信度最高。在理解大气变化方面(这些变化加大热带气旋和冬季风暴等现象的频率和强度),确信度不那么明显。在这些事件中,不同因素会发生复杂的相互作用,往往具有抵消效应。报告号召,随着气候研究的不断推进,将气候科学纳入核保的时机已经成熟。充分的风险观对于保持风险的长期可保性以及继续为行业提供增长机会至关重要。

三

和飓风的不确定性相比,随着近年来中国大规模开发海上风电,海上风电项目严重的再保险供给不足已经浮出水面,迫切需要解决。2018年,瑞士再保险公司作为首席再保人的项目——福建莆田平海湾二期引人关注,这是中国海上风电保险领域首次引入符合国际标准的海事检验人服务。

海上风电起源于欧洲,投资巨大,技术复杂,需要综合考虑抗台风、防火、防腐蚀、避让航路及保护海洋生态等很多问题。以本次平海湾二期海上风电项目为例,单台风机塔高154米,风机叶片长75米,项目水域与海洋渔业和海洋运输航线互相交织。因此,在对海上风电项目100%直保覆盖的基础上,往往需要再保险的支持,完成整个保险的内部消化。在相对成熟的欧洲保险市场,通过海事检验人深度参与海上风电项目每个关键节点,加强风控和提供承保建议,从而进一步释放保险人的承保能力和赢得再保险支持。

为了建立一整套系统的海上风电风险管理服务方法,2015年,瑞士再保险公司从德国翻译引进《海上风电工程作业守则》,细化海上风电工程风险管理的内容和范围。2020年,瑞士再保险公司工程险团队携手仑顿海事咨询(London Offshore Consultants,简称LOC)共同编制了《海上风电工程风险管理服务作业指南》,建立了"保险管理+风险管理"两位一体的保障体系,推动海上风电保险行业从"志愿性"向"强制性"转变。随着风机单机容量增大、基础/塔筒技术改变、风场逐渐走向深海、施工船只大型化、漂浮式风机的出现等,对海上风电工程风险管理须进行动态调整、持续优化。

由于气候变化的复杂性,因而气候灾难具有不确定性。从这个意义上说,今天的应对全球变暖行动,既是应对当前的权宜之策,也是面向未来的保险策略。瑞士再保险这样的商业公司介入全球气候变化机理与损害研究,他们的精打细算可能促使相关损失的计算和预算更加科学,这对联合国的官方评估是很好的补充,甚至有某种独特的公信力。面对全球变暖带来的巨大不确定性,再保险行业机遇与风险并存,具有丰富经验的精算师们,这一次还能够"精算"吗?

㉚ 利｜穿越时空的红利：
世界首富、饥饿总统与 19.87 元

　　2014 年 1 月，香港娱乐大亨邵逸夫在家中安详离世，享年 107 岁。从 1985 年开始，邵逸夫在中国内地持续捐资办学，在 31 个省市自治区中捐助的"逸夫教学楼"超过千所。邵氏电影曾捧红过周润发、周星驰、梁朝伟、刘德华等一大批影视明星，但对后世更有影响的，可能还是这些遍布全国的"逸夫教学楼"，这些穿越时空的红利。

一

说到捐资办学,中国人自然忘不了北京协和医学院以及世界首富、美国"石油大王"约翰·洛克菲勒(John Davison Rockefeller)。1913年,洛克菲勒家族创办洛克菲勒基金会。1914年,专注慈善的洛克菲勒基金会刚成立不久,便派出了中国考察团,对当时中国的社会状况、教育、卫生、医学院、医院等进行了细致的考察。1915年6月,洛氏出资成立的中华医学基金会购买了协和医学堂及原豫王府的全部财产,开始筹建北京协和医学院。1917年9月24日,举行了协和医学院奠基仪式;1921年9月16日,举办了隆重的新校址建成典礼。

根据相关报道,"从1913年5月开始的10年内,洛克菲勒基金会花费了将近8000万美元,其中最大的一笔给了北京协和医学院。截止到那时,用于协和医学院的共计1000万美元,比用于约翰·霍普金斯大学的700万美元还多。据1956年统计,最终,基金会为打造北京协和医学院及附属协和医院的总计投入超过了4800万美元。"这也是洛克菲勒基金会在海外单项拨款数目最大、时间延续最长的慈善援助项目。

协和医学院曾培养出张孝骞、林巧稚、曾宪九、吴阶平等一批医学大家,在中国建立起了培养现代医学人才的体系。1991年,高中生常青在看了介绍林巧稚的纪录片后,被这位终生未婚但被尊为"百万婴儿母亲"的妇产科医生打动了。在高考志愿表中,常青将"北京大学"改成了"中国协和医科大学"(以下简称"协和"),尖锐的钢笔头把志愿表划了个洞。

高考时，常青数学考了满分，但语文的作文部分和政治的得分却在及格的边缘，尽管如此，她的总分还是超过了协和的分数线。

20世纪90年代的北京，正是摇滚乐繁荣的时代，地下酒吧里到处是有激情、有才能的年轻人，新乐队遍地开花。常青白天在教室里埋首啃着一寸厚的医学课本，夜晚则在学校旁只有她知道的酒吧里看北京大院青年们编排的摇滚乐队表演。读博期间，她研究视网膜色素上皮细胞的凋零，那时她常常在晚上9点半拎着冰盒从学校出发，搭公交车到屠宰场看屠夫用刀挖出猪眼睛放入冰盒，然后再在半夜带着新鲜的猪眼睛回到协和地下室，一边用猪眼睛做实验，一边听摇滚。

1999年，常青博士毕业后来到美国，成了宾夕法尼亚大学医学院的基因治疗实验室的一名博士后研究员。其间她又重拾文学，在国内文学论坛贴上自己的文字，后来索性回国。那时候，常青在协和的师兄冯唐的作品畅销，出版社的朋友想把常青打造成一个和冯唐齐名的作家。于是，在协和创立100周年之际，常青撰写了《协和医师》一书，以这种方式实现了自己17岁报考协和时的那个悬壶济世之梦，弥补了当初离开医生行业的遗憾。在书末的"后记"中，常青谈到了自己深埋在心底的"协和情结"，对内省、专注、慈悲的向往，对医学实质的仰望，对有气氛和有传承的大学精神的期待，并延伸到更深远、更温暖的"泛意义的协和"，引起了社会各界的广泛共鸣。

至今,洛克菲勒基金会与北京协和医院仍然保持着密切合作与交流。2011年10月29日,洛克菲勒基金会主席小戴维·洛克菲勒(David Rockefeller Jr.)偕夫人及美国中华医学基金会(China Medical Board,简称CMB)北京办公室负责人等来北京协和医院参观访问。2016年9月10日,CMB北京代表处北京协和医院新址落成并投入使用。新址的落成标志着北京协和医院与CMB百年友谊与合作的延续。

在全球变暖的今天,洛克菲勒基金会高度重视与气候变化相关的研究项目。比如,2019年发布的清华大学主持完成的《环境与气候协同治理报告》就得到了洛克菲勒基金会的资助。人类的低碳大业,也打上了洛克菲勒这位昔日石油大王的永恒烙印。

二

洛克菲勒给中国留下了协和,而美国大萧条时期的总统胡佛(Herbert Clark Hoover),却在河北唐山的煤矿赚取了人生的第一桶金。完成原始积累的胡佛,从中国回到美国,从此一路高升,并在1917—1919年任美国粮食总署署长,对欧洲儿童和难民进行了广泛的救济,后来去美国发展的奥地利管理学大师德鲁克(Peter F. Drucker),就得到了胡佛团队的救济。1929年,胡佛当选为美国第31任总统。可惜,遇到美国股市崩盘,胡佛应对不力,昔日的"慈善家"被嘲讽为"饥饿总统",在1933年黯然下台,未能连任。

其实,为了应对经济危机、拉动内需、扩大就业,胡佛也付出了艰辛的努力,著名的胡佛大坝就是证明。胡佛大坝建在美国科罗拉多河上,1931年正式开工,1935年建成时,是当时世界上最高的水坝,被誉为"美国西部的大金字塔",相应的水电站也成为当时世界上最大的水电站。可惜,此时美国的总统已经是罗斯福,他赶往现场,在富有浪漫气质的大坝和工程建设者面前说:"今天上午,像所有第一次亲眼看见这个伟大壮举的人一样,我来了,我看到了,我被征服了!"当年建设胡佛大坝的大批工人聚集在沙漠小村拉斯维加斯,没事可干时以赌博解闷,内华达州州政府干脆在1931年把赌博合法化,最终形成了今天的赌城。拉斯维加斯的霓虹灯,用的也是来自胡佛水电站的源源不断的电力。

相比胡佛大坝,更加打动我的则是胡佛设在斯坦福大学的胡佛研究所。1919年,胡佛出资5万美元在母校斯坦福大学建立了研究所,最初的目的是收集、研究第一次世界大战和十月革命的文史资料。如今,胡佛研究所已发展为"有关20世纪政治、经济、社会和教育方面变化的国际性资料研究和出版中心"。

我第一次听说胡佛研究所,是因为蒋介石日记珍藏在那里。2004年12月,蒋方智怡代表蒋家将这些日记暂存美国斯坦福大学胡佛档案馆(即胡佛研究所),期限50年,蒋家可以随时取回。胡佛研究所接手保管的蒋介石日记有51箱、数万页。现存蒋介石日记的原件皆用毛笔书写,档案管理人员用高质量的35毫米胶卷逐篇拍摄,再以A4大小的纸张影印出来。从2006年3月底起,胡佛研究所开始陆续公开部分日记。

一个偶然的机会,我看到了美国学者斯威尼(James L.

Sweeney)撰写的《能源效率：建立清洁、安全的经济体系》一书。该书深入分析了1973年美国能源危机前后的能源格局变化，以大量实例证明了能源效率在改善能源经济、缓解环境污染和保障能源安全方面所产生的巨大作用。能源效率对美国能源现状的贡献超过了美国国内所有新增的能源供应之和。在该书"序言"中，美国前国务卿、财政部部长舒尔茨（George P. Shultz）等人感叹道："最干净的能源是什么？没有被使用的能源。最便宜的能源是什么？没有被使用的能源。最安全的能源是什么？没有被使用的能源。所以能源效率就像是三重奏。"舒尔茨在写"序言"时就职于斯坦福大学胡佛研究所，而作者斯威尼也是斯坦福大学胡佛研究所的高级研究员！

从亲自上阵开发唐山煤矿，到一锤定音胡佛大坝，再到支持研究零碳能源效率，"饥饿总统"胡佛，完成了人生的"能源三部曲"。

三

不是所有的人都能成为世界首富，也不是所有的人都能成为美国总统，但是，哪怕我们手头只有十几元钱，也可以做投资、做公益，在伟大的事业上刻下自己的名字。

2017年，在参观宝钢博物馆时，一个19.87元的捐赠故事给我留下了深刻印象。1984年3月14日，江苏省泰县寺巷中心小学三（1）班的46位同学向宝钢捐赠了19.87元，这些钱中基本都是1分、2分、5分的纸币和硬币。原来，这是同学们利用半年的时间，通过拾废旧物品积累起来的。

那段时间,正好有一家镇办企业搞改建,产生了不少建筑垃圾。为了捡石块里的废铁块、废铁丝,同学们磨断了指甲、磨破了手指;为了把废电线中的铜丝取出来,有的同学被割破了手指,有的同学被火烧熏出了眼泪。在决定给哪个重点工程捐助时,同学们有三个备选项:葛洲坝工程、镇江谏壁电厂和宝钢一期工程。经过讨论,大家觉得钢铁是工程建设的基础,因此最终选择了宝钢。

在收到同学们的捐款和一并寄来的信件时,时任宝钢总厂党委书记的朱尔沛在来信上写道:"这不是一封普通的信,而是一群少先队员献给宝钢建设者的一颗赤诚的心,是以实际行动为振兴中华添砖加瓦,立志长大后肩负建设四化重任的誓言书!"

19.87元——宝钢收到的第一笔社会捐助,来自46个小学生!与300多亿元的国家投资相比,金额虽微不足道,精神却弥足珍贵!

其实,那时的宝钢,正承受着极其巨大的压力。从1977年1月酝酿筹建,到1978年12月23日打下第一根钢桩,宝钢终于迈出了自己坚实的一步。在建设过程中,宝钢曾在1980年12月遇到"一期停缓,二期不谈"的风波,但现场的几万名施工者始终坚守岗位,努力工作,直到1985年9月15日一期工程顺利投产。2000年12月20日,宝钢三期工程全面建成,标志着宝钢率先实现了"建设千万吨级钢铁基地"的目标,也使宝钢的综合竞争实力跨入了世界先进钢铁企业的行列。

1998年12月,宝钢举办20周年庆典演出《世界钢韵》

时,邀请了当年的三(1)班学生,现正在上海外国语大学读书的张海霞同学。在看到重演当年捐款的小品《童心》时,张海霞掩面而泣:"宝钢还记得我们啊!"

1979年,邓小平到宝钢视察时预言:"历史将证明,建设宝钢是正确的。"

宝钢,是人民的宝钢。自1989年中国青少年发展基金会实施"希望工程"以来,宝钢捐建了大批希望小学。1990年,设立宝钢奖学金,1994年扩大为宝钢教育基金,并在2005年宝钢投产20周年之际,增资5000万元,达到1亿元。

2015年,香港嘉华集团主席吕志和出资20亿元港币创办"吕志和奖",分设"持续发展奖""人类福祉奖""正能量奖"三个奖项,旨在表彰在相关领域为世界和平与发展及人类福祉做出重大贡献的个人和团体。2017年,"吕志和奖——持续发展奖"颁发给一位中国气候变化事务特别代表,以表彰他为推动2015年气候变化《巴黎协定》达成以及领导推动中国国内预防气候变化的工作所做的努力和贡献。获奖者后来将2000万元港币奖金全部捐给清华大学,设立了"全球气候变化与绿色发展基金",并在这一基金支持下,成立了清华大学气候变化与可持续发展研究院(以下简称气候院)。2018年11月,宁夏燕宝慈善基金会捐赠1亿元人民币给该基金会,再续校友对母校的回馈以及对人类生存发展问题的关切。近年来,气候院广泛开展国际交流,系统组织研究课题,特别是开展了一系列"气候大讲堂"直播,很有影响力,在推动应对气候变暖的同时,也让更多的人知道了气候院背后的慈善机构与相关企业家的故事。"暖战",在人类可持续发展的大旗下,成为企业家和老百姓从事慈善事业的沃土。

創新篇

理

21 相约夏成垚：
下一个爱因斯坦从这里走出

伟大的时代，需要伟大的理论，而伟大的理论往往来自科学的观测结果。一位海洋研究所所长认为，科学上有两次由科学观测产生的重大改变：第谷（Tycho Brahe）的行星观测导致牛顿发现万有引力定律，迈克耳逊（Albert Abraban Michelson）关于光速不变的观测让爱因斯坦创造了相对论。如今，美国科学家基林（Charles David Keeling）对大气中二氧化碳浓度的观测，则引发了对气候变化问题的深刻反思。基林曲线，会催生下一个牛顿（Isaac Newton）、爱因斯坦（Albert Einstein），引发新的科学理论与哲学革命吗？

一

1896年，瑞典科学家阿伦尼乌斯(Svante August Arrhe-
nius)计算出了二氧化碳浓度变化对全球变暖的影响。他指
出，随着木炭的持续燃烧，3000年后全球二氧化碳浓度可能
增加一倍，进而导致全球气温升高5—6 ℃。但是，人们相信
海洋会吸收大部分增加的二氧化碳，因此大气中二氧化碳
增加的可能性没有受到过多的关注。

20世纪50年代，加州大学斯克里普斯海洋研究所的两
位科学家雷维尔(Roger Revelle)和聚斯(Hans Suess)认识
到，海洋的表面水与深层水的混合是一个缓慢的过程，海洋
吸收二氧化碳的能力是有限的，只能吸收大约一半由化石
燃料排放的二氧化碳。于是，观测大气中二氧化碳的含量
变得非常紧迫。斯克里普斯海洋研究所1903年由里特
(William Ritter)教授创建，从事海洋生物研究，1912年归属
加利福尼亚大学。如今，它是世界上规模最大的海洋研
究所。

1956年，刚刚博士毕业不久的基林在朋友的建议和好
奇心的驱动下，自行发明工具，在美丽的加州大苏尔风景区
深入开展大气中的二氧化碳含量研究，有时一个晚上需要
从睡袋里爬出来好几次。基林发现，由于光合作用，一天中
的二氧化碳含量有规律地发生变化，但是每天下午大约都
是一个常数，即0.31毫升/升。基林又去华盛顿州和亚利桑
那州测量，发现那些地方也惊人地接近这一常数。于是，基
林把他的发现寄给了相关专家。罗格·雷维尔对基林的发
现很感兴趣，很快将基林招入斯克里普斯海洋研究所。执

着的基林从此在这里奋战了40年,将自己的事业定格在现代气候变化观测和全球碳循环研究上。

为了更好地排除外界干扰,更加精准地测量二氧化碳的浓度变化,从1958年开始,基林用红外分析仪持续在夏威夷莫纳罗亚山进行检测,并在1960年、1976年两次发表论文公布观测结果。他绘制的莫纳罗亚山随着时间持续增加的二氧化碳浓度曲线成为人类活动影响全球变暖最有力的证据,被命名为"基林曲线"。2002年,基林获得美国国家科学奖。2005年,基林与世长辞,这一年,二氧化碳浓度已经上升到0.378毫升/升。基林曲线还将被继续延续下去,而曲线的走向则依赖越来越多地球人的思考与行动。

随着20世纪80年代以来人类对全球变暖的高度重视,科学家将全球变暖与基林曲线建立了联系。同时,由于气候因素的复杂性,科学家发现20世纪70年代有一段轻微寒冷期,以致有人预言下一个冰河世纪正要到来。从1998年到2012年,大气中二氧化碳的浓度不断增加,但全球气温的上升却几乎停滞。此外,从20世纪90年代到21世纪的最初10年,人类的碳排放有明显增加,但是大气中二氧化碳的年增量没有明显增加,甚至还略有下降。对于这些现象,科学家正在不断加强研究,但是他们都未能改变全球变暖与二氧化碳浓度增加的大趋势。

对气候变化复杂性的研究,正在日益深入。历史是最好的老师,分析牛顿、爱因斯坦的成功之路,对我们科学地认识气候变化复杂性理论或许有所启发。

二

牛顿和爱因斯坦,是人类思想史上的两座丰碑。爱因斯坦曾经在牛顿《光学》一书重新出版的前言中这样评价——"对于他,自然界是一本打开的书,一本他读起来毫不费力的书。他用使经验材料变得井然有序的概念,仿佛就是从经验本身,从那些精致的实验中自动涌现出的那样;他摆弄那些实验,就像摆弄玩具,并且还以无比的细致入微描述了这些实验。他集实验家、理论家、工匠尤其是讲解能手于一身。我们眼前的他,坚强、有信心,而又孤独:创造的乐趣和细致精密体现在每一个词句和每一幅插画之中。"

万有引力定律,是时代的产物。在哥白尼、第谷、开普勒(Johannes Kepler)、伽利略(Galileo Galilei)等科学家的一系列"传球"下,牛顿,在大瘟疫期间的宁静乡下,完成了临门一脚,将苹果和月亮、人间与天上的运动规律统一在一起——万有引力定律。

科学的进步,往往是在艰苦奋斗中不断完善的。第谷并不相信哥白尼地球绕太阳旋转的看法,他结合自己的生活直觉,认为火星与其他行星绕太阳旋转,而太阳本身又绕地球旋转。他认真收集了大量观测数据,想证明自己是对的,结果发现数据并不支持他的观点。开普勒一开始也认为行星的轨迹是圆,后来根据事实,才得出行星轨迹是椭圆的结论。发现天体运动规律的他,欣喜地宣称:"看起来,如同盘子、生菜叶、盐粒、水滴、醋和油,以及鸡蛋片,在空气中到处飞舞,永不停歇,或许最后偶然聚到一起,正好组成一盘色拉。"

万有引力的基石是牛顿运动三定律。在第一定律中，牛顿认为："静止中的物体倾向于保持静止，运动中的物体倾向于以恒定的速率沿着直线不断运动。"其实，第一定律总结的是伽利略的观点：力改变物体的运动，如果不受力，运动中的物体会沿着直线一直运动下去。这颠覆了人们的日常经验。一般认为，物体的运动是由力来支撑推动的。谁会想到，如果没有力的作用，物体会一直匀速运动下去呢？

其实，这种类似的伪直觉并不鲜见。直到20世纪初，人类还相信"以太"的存在。科学家认为，在茫茫的宇宙中充满了一种叫作以太的媒质，从行星到恒星，无处不在。因为，如果光是一种波，那么，光必须在某种媒质，也就是以太中才能传播，就像河面上的水波不能离开河水一样。

在瑞士专利局工作的爱因斯坦，广泛接触了最新的钟表时间校正装置，他没有附和权威专家的观点，也没有申请研究课题的压力，最终提出了颠覆时空观念的相对论。爱因斯坦认为，狭义相对论的提出顺理成章，而广义相对论则有点"孤独求败"。当时，法国科学家庞加莱（Jules Poincaré）也提出了和爱因斯坦狭义相对论有点类似的相对论原理，但是，庞加莱保留了以太。普林斯顿物理学家戴森（Freeman Dyson）这么评论两者的区别：

"庞加莱与爱因斯坦之间的本质区别在于，庞加莱天性保守，爱因斯坦则富于革命性。庞加莱在寻找一种新的电磁理论时，总想尽可能多地保留已有的东西。他对以太情有独钟，甚至当他的理论表明以太无法观测时仍然对它坚信不疑。他的相对论就像一床拼缀起来的被子。依赖着观测者运动的局域时间的新观念,被补缀到由刚性的静止以太所定义的旧有的绝对时空框架上。而爱因斯坦则乐于抛弃这一框架,认为它会惹来麻烦,也无甚必要。爱因斯坦的理论版本更为简洁和优雅。不存在绝对空间和绝对时间,也不存在以太。所有那些将电磁力解释成以太中的弹性应力的复杂解释,都被扫入历史的垃圾堆。同被历史遗弃的还有那些仍然相信这些观点的大牌教授。"

如果说,牛顿抛弃了力对物体运动的维持作用,爱因斯坦抛弃了以太对光的传播作用,从而构建了两个简洁美丽的物理殿堂,那么当前的全球变暖,则是突出人类活动对全球气候的影响,这种人类活动的引入和当初对力和以太的抛弃,方向是截然不同的。但有一点是相同的,即它们都颠覆了人类的传统认知。在潜意识里,力和以太体现了人类对某种外部力量的依赖,体现了人类的弱小。而人类活动导致的全球变暖则恰恰相反。千百年来,人类知道自己的活动会对外部环境产生重大影响,但是,今天大气中的二氧化碳含量也就是万分之几的水平,这么低的浓度,就是翻倍了又能怎样?阳光普照天下,海洋奔腾翻滚,我们这点小小的人类活动也能够带来沧海桑田、天翻地覆?人类,不相信,不敢相信,更不愿意相信!

三

对复杂系统的研究,迄今还处于初步阶段。物理学家薛定谔在1944年出版的《生命是什么》一书中，指出生命的特征必须兼顾稳定性和变异性，并为此引入亚稳态、非周期性晶体、负熵和遗传密码等概念，这直接启发了科学家发现DNA分子结构。美国化学家昂萨格（Lars Onsager）发现，在自然界，在物理、化学、气象、天体物理、生命科学、环境工程等方面，非平衡态的热力学系统和不可逆过程大量存在，非常复杂。昂萨格研究了系统局域平衡而整体不平衡的情形，建立了相应的非线性方程，并获得1968年诺贝尔化学奖。

比利时物理学家普利高津（Ikya Prigogine）认为，热力学与生物学的演化趋势是矛盾的，热力学预言孤立系统的熵总是增加，系统趋向均衡的结果是无差异的"热寂"，而达尔文认为生物演化的趋势是多样和复杂的。由此，他提出了自组织和耗散结构理论：耗散结构是远离平衡态的开放系统，在一定条件下，由于系统内部非线性相互作用，通过涨落形成稳定有序的结构。在开放系统中，生命结构维持的前提是维持耗散的能量流、物质流和信息流。普利高津因此贡献获得1977年诺贝尔化学奖。

地球气候是一个典型的复杂系统，也是普利高津团队的重点研究对象。1984年，普利高津的学生尼科里斯（G. Nicolis）通过对深海岩芯的气象分析，发现了在混乱中有序的"气候吸引子"（气候混沌）证据。研究人员从深海同位素记录推导出了过去40万年里大陆冰体积的整体变化，呈现出大约以10万年为一轮的平均周期性。研究人员认为，近3000年来，整个地球逐渐变凉，这一趋势被许多次百年左右的波动所间断，每次温度回升1℃左右。比如，在公元800—

1200年的暖季,北欧海盗发现了格陵兰岛,其意思就是绿色的土地。但在1550—1700年出现的"小冰河时期",欧洲和北美发生食物短缺,造成了灾难。因此,20世纪前半段表现出来的不是地球气候长期以来典型的不稳定特性,而是反常的稳定。气候系统,几乎一直保持在远离热力学平衡态的位置。

20世纪下半段,整体上全球变暖加快,大约比工业化前高1 ℃左右。其实,从近千年的历史来看,这仍然属于常态。问题是,如果这一波变暖确定是由人为排放二氧化碳引起的,会持续多长时间,温度可能会升高多少呢?气温的不可逆上升有拐点吗?它会在哪里?能够找到吗?

在发现气候混沌的激励下,普利高津建议自己的在读博士生,一名中国学者,去研究经济混沌现象。1987年,美国股市在没有征兆的情况下大跌,一时间,混沌经济学成为热点。这位中国学者后来回国担任北京大学中国经济研究中心教授,致力于研究经济学中的复杂性,提出了"代谢增长论",强调生态环境对经济模式的影响和中西方文明的差异。

在复杂系统中,当前需求最为迫切的是两大系统:一是气候变化系统,一是经济发展系统。应对全球变暖为什么推进艰难,根本原因还是触及了经济发展模式和经济利益。如何将这两大系统有机协同,是一篇很大很大的文章。

1989年,普利高津将自己的研究中心由"统计力学与非平衡态热力学研究中心"改名为"统计力学与复杂系统研究中心"。在他看来,牛顿等科学家信仰的简化主义大道已经走到了尽头。科学自身带有一种让爱因斯坦赞叹的令人产生惊奇感的"血统",这种惊奇是人类全身心投入科学事业的起点。面对即将发现的新世界的演变过程、复杂性和不稳定性,我们怎能不感到新奇呢?

㉒ 工 增长的极限：
从希腊牧羊人之子到
美国页岩气之父

2020 年 4 月 20 日，美国西得克萨斯轻质中间基原油（West Texas Intermediate，简称 WTI）5 月期货合约出现史诗级崩跌，收于 -37.63 美元/桶，这是 1983 年美国纽约商品交易所原油期货上市以来首次出现负值。在现代石油工业 160 多年的历史长河中，此事绝无仅有，石油人纷纷调侃自己"惊掉了下巴、倒吸了口凉气"。事件背后的因素固然很多，而重要因素之一则是美国页岩气革命带来的全球能源版图新变化。故事，要从一个希腊牧羊人的儿子说起。

一

2009年10月初,在全球金融危机的背景下,希腊政府突然宣布,2009年政府财政赤字和公共债务占国内生产总值的比例预计将分别达到12.7%和113%,远超欧盟《稳定与增长公约》规定的3%和60%的上限。鉴于希腊政府财政状况显著恶化,全球三大信用评级机构惠誉国际、标准普尔和穆迪相继调低希腊主权信用评级,希腊政府的借贷成本大幅提高,债务危机正式拉开序幕。希腊人散漫的生活方式,更是成为媒体攻击的焦点。

在这段希腊人灰头土脸的日子里,一个希腊牧羊人的儿子,米歇尔(George Mitchell)却利用大规模低成本开采页岩气的技术,帮助美国跃升为世界第一的油气大国,从根本上降低了对中东石油的依赖,对全球能源与政治版图产生了深远的影响。2000年,在美国大陆生产的所有天然气中,页岩气仅占1%;2009年,页岩气的占比是14%;到2014年,这一数字增加到48%。2009年,美国以6240亿立方米的产量首次超过俄罗斯成为世界第一天然气生产国。

1919年5月21日,米歇尔出生在美国一个希腊移民之家。父亲1901年来美国前只是个牧羊人,甚至连"米歇尔"这个姓氏也是父亲为了适应在美国的生活而随他人取的。1953年,34岁的米歇尔和他的合伙人在得克萨斯州勘钻天然气,产量颇丰。1954年,他们签订了一份通过美国天然气管道公司的输气管道向芝加哥供应天然气的合同。20世纪70年代末,芝加哥不断增长的天然气需求,迫使米歇尔的公司寻找新的天然气资源。这时,有人向他推荐开采得克萨斯州丹顿市的巴奈特页岩中的天然气,由此拉开了页岩气革命的序幕。页岩气蕴藏于页岩层中,是一种非常规天然气。1998年,水平井压裂法取得重大技术突破,让页岩气产量猛增,美国因此成为全球最大的天然气生产国。

天然气发电的碳排放只有煤电的一半。由于气电对煤电的冲击,以及新能源发电的贡献,2017年美国的碳排放已经重新回到1990年的水平,比2005年下降了14%。相对廉价的天然气发电对风能、太阳能发电造成了一定冲击,但与煤电、核电相比,天然气发电机组可以快速启动,这对间歇性的风能、太阳能发电是很好的补充。在美国得克萨斯州,页岩气发电和风能、太阳能发电的规模都很大。

美国的页岩气革命给全世界发出一个强烈信号:能源革命,可以如此迅猛地到来! 一向“处变不惊”的能源大佬们纷纷坐不住了,开始警觉起来:谁,会是下一个页岩气?

功成名就的米歇尔,喜欢和记者坐在一家海滨的希腊烤肉馆,畅谈他和《增长的极限》一书作者梅多斯(Donella Meadows)的如烟往事。《增长的极限》最初出版于1972年,是研究人类当前与未来处境问题的罗马俱乐部的研究报告。报告认为,随着未来人口的持续增长,全球将会因为粮食短缺和环境破坏在21世纪某个时段内到达增长的极限,出现大规模的经济崩溃和全球性的瘟疫。1973年夏天,米歇尔给梅多斯打电话,说自己拜读了这本书,表达了不希望自己的孩子在即将崩溃的世界长大的想法,并问自己该做些什么。为此,米歇尔还出资请梅多斯组织会议,研究“增长的替代方法”与可持续性。

在米歇尔看来,风能、太阳能目前还无法取代化石能源,而天然气则相对低碳。米歇尔本人对风能、太阳能不感兴趣,而他的孩子,这几年的投资方向已经转到可再生能源上。

二

2002年,米歇尔的能源发展公司被切萨皮克能源公司收购。切萨皮克能源公司创办于1989年,2008年市值曾超过350亿美元,是美国页岩气大发展浪潮中的明星企业。

在《页岩革命》一书中,美国记者戈尔德(Russell Gold)分享了自己在宾夕法尼亚乡村农场的故事。他的父母是费城白领阶层,1973年和朋友购买了这个农场。在那个反政府抗议运动风起云涌的时代,他们把这片土地命名为"东方",并想着万一城里发生革命,他们可以来到乡下躲避。没想到30多年后,革命真的来了,只是到来的是能源革命。在周围土地都被页岩气开发商切萨皮克能源公司买走的情况下,这个农场也只能随之出售了。

麦克伦登(Aubrey Mcllendon)是切萨皮克能源公司的联合创始人和前首席执行官,也是页岩气开发的主要倡导者和狂热宣传者,2013年被罢免公司首席执行官,2016年被指控操纵油气价格,并在被起诉的第二天发生车祸,结束了自己毁誉参半的一生。2020年6月,曾经风光一时的切萨皮克能源公司申请破产保护,美国页岩气业进入深度整合阶段。

美国页岩气革命并非空穴来风,水力压裂技术的源头甚至可以追溯到美国内战。在弗雷德里克斯堡战役中,有人发现有的炮弹在水中爆炸后,在水压的作用下,河边的岸堤受到剧烈冲击。受此启发,内战结束后,这种爆破技术被应用到油井中。"爆炸使得石油和水喷出油井,冲到了大约30英尺(约9米)高的空中,使得大地像一头疼得死去活来的大怪兽一样,发出了嘎吱嘎吱的声音。"后来,随着自喷井的大量发现,这种爆炸技术逐渐退出市场。"二战"后,随着优质油气资源的短缺,现代水力压裂技术开始登上历史舞台。针对页岩的第一次大规模水力压裂试验引起了米歇尔的高度关注,在此基础上引发了页岩革命。

传统油气通常分布在荒郊野外,与之相比,页岩气储量分布广、开采点特别多,而且钻井在开采后衰减很快,需要不断增加新的开采点。如今,在美国已经有上千万人的家和页岩气开采点距离不超过1英里(约1609米)。有趣的是,在页岩气这种非常规天然气的推动下,天然气电厂也发生了科技革命,厂区面积越来越小,效率却越来越高。传统的天然气发电厂以水作为循环介质,而新的技术则以超临界二氧化碳作为介质。2013年,美国8 River公司提出了将超临界二氧化碳循环中的热源与换热器组成燃烧室,通过气体燃料与纯氧在超临界二氧化碳中直接燃烧,实现热功转换,并用于火力发电的设想。奥勒姆循环因此而得名,并因高效和低成本而受到广泛关注。目前,世界上第一个工业应用的直燃式超临界二氧化碳循环电站已于2018年5月30日成功实现了第一次点火试验。该电站设计容量为25兆瓦,位于美国得克萨斯州拉波特市,主要研发单位包括日本东芝,美国 Exelon、NET Power、CB&I 等,其中日本东芝负责该项目燃烧室及透平机的研发工作。此外,通过燃料电池转换,在美国城市公园里可以看到一排排的天然气微型电站,它们和老百姓零距离接触,没有传统电站的围墙间隔,成为公园里靓丽的风景线。

在中小公司成功开采页岩气的鼓舞下,储量很大、又稠又黏、嵌在岩石里、埋得很深的页岩油引起了大公司的注意。壳牌石油公司采用就地转化的方法,用电把地下1—2千米的深部岩体加热到650—700 ℃,并与页岩气开采中的水平钻井与压裂技术相结合。他们让加热的岩石煨上3—4年,当油母质分解成较小的烃链后,就可以穿过压裂的岩石了。页岩油的大规模开发,使得美国继成为世界第一天然气生产国之后,在石油产量上也超越沙特,成为世界第一石油生产国,基本实现了能源独立。

而今天的中国,则取代美国,成为全球第一大石油进口国;超越日本,成为全球第一大天然气进口国。

三

在重庆涪陵焦石镇的一个公园里,有一篇《焦石赋》:"焦石之名,源于山石也。石自天然,堪称奇绝。采天地灵气,聚日月精华。出落千姿百态,遍布四野八荒。古奥粗朴,呈焦黑之异彩;嶙峋峻峭,具刚毅之特质。犹烈日曝然风雨浸然,若野火焚之霜雪摧之。历久弥坚,遇挫不屈。俨然山民之秉性,亦见岁月之沧桑。焦石之名,取法自然。朴质无华,掷地有声。铮铮焦石,焦石铮铮,铸一方水土之魂魄也……页岩宝藏,得天独厚;气田新开,举世皆惊。井架林立,抒时代之豪气;管网纵横,壮产业之命脉。能源国家示范核心区,名震华夏也……"

2012年,中石化在焦石镇楠木村钻探的第一口页岩气井,首日产气达20.3万立方米!让这个漫山遍布着黑色焦石的小镇,写入了共和国的能源历史。

焦石镇页岩气的成功开采,标志着中国成为继美国、加拿大之后,世界上第三个实现页岩气商业开发的国家。

无论是页岩气还是页岩油,从全球范围看,目前在大规模推广方面都有种种不足。在美国,页岩气开采引起的水污染曾把居民家里的自来水变成了能用打火机点燃的"可燃水"。中国的页岩气储量世界第一,比美国还多。但是,中国页岩气资源多分布在山区,地表条件复杂造成钻探前工作量巨大和后续地面工程投资大幅增加,且钻机连续工作的能力差;油藏深埋在3500米以下,造成钻井机械和液压压裂机械运行成本上升,以及相应的钻井液、压裂液、支撑剂等钻化产品投入大幅增加;开发区域水资源缺乏,造成额外增加工作量、开发成本高和生态环境破坏等问题。

引发美国页岩气革命的是中小企业,而在焦石镇成功开采页岩气的则是中石化旗下的江汉石油。1965年,石油勘探队伍在湖北省境内的江汉平原勘探时发现油田。1969年,党中央、国务院、中央军委决定,在江汉油田进行一场石油会战。在当时特定的历史条件下,这场特殊会战对开发"三线"、建设国防、改善石油工业布局具有十分重要的作用。会战在武汉军区直接领导下组织进行,规模浩大,高峰时达到12万余人，100余台钻机。会战历时2年10个月，因资源问题，年生产能力由规划中的250万吨下调为实际投产的100万吨。正是因为自身区域类的油气资源禀赋不佳，所以江汉油田对页岩气勘探开采特别看重。涪陵页岩气建成了年产100亿立方米的气田，项目获得2017年国家科技进步奖一等奖。

在大庆油田发现之前，新中国也在广东茂名开展了页岩油的开发。茂名油页岩的发现纯属偶然。当地村民的小孩用山上的石头垒窑煨红薯，意外发现这种石头可以燃烧。由于当地民众把点灯的煤油称为"火水"，故而将页岩矿叫作"火水山"。1956年4月28日，周恩来总理在相关报告上批示："经中央同意，在茂名建设规模为年产100万吨原油的油页岩炼油厂。"茂名油页岩开发被列入国家"一五"计划156个重点项目之一。不过随着大庆油田的开发，炼油厂后来基本上改炼大庆原油了。近年来，在迈向能源强国的征程上，中石油公司在页岩油开发上也取得新的突破，在渤海湾盆地率先实现陆相页岩油工业化开发。

美国页岩气革命的物质基础是优越的地质结构。在美国坐飞机往下看，可以发现两条南北走向的山脉——东部的阿巴拉契亚山脉和西部的落基山脉，中间则是一望无际的中部大平原。这片大平原和南部的得克萨斯州、北部的宾夕法尼亚州所在地，在6000多万年前的白垩纪是一片巨大的海洋。在营养丰富的水体中，无数海洋生物在死亡后留下了厚厚的有机物质，最终形成了富含油气的页岩。

如今，在中国的南海发现了极为丰富的可燃冰，它是另一种非常规天然气。2017年,中国在南海北部神狐海域进行的首次可燃冰试采获得圆满成功。可燃冰商业化开采的难度和环保风险都很大,人类,会迎来可燃冰革命吗?

米歇尔毕业于美国得克萨斯农业机械大学石油工程系。在毕业找工作时,一位行业大佬指点他:如果他去大公司工作,可以开着雪佛兰出去兜风;而如果想开卡迪拉克,那最好还是自己去奋斗。如今,美国又应用页岩气开采方面积累的经验技术,持续开展深部地层的地热能开发,这一次会诞生下一个米歇尔吗?

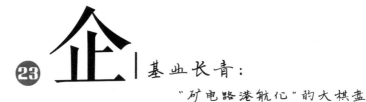

23 企 | 基业长青：
"矿电路港航化"的大棋盘

2012 年冬天，我参与了一家世界五百强企业的管理创新奖项申报，开始第一次系统地接触管理学理论。一天晚上，在中国人民大学温暖的咖啡馆里，我仔细地阅读着当今销量最高、最为风靡的管理学著作——美国管理学家罗宾斯（Stephen P. Robbins）的《管理学》。该书详细介绍了现代管理学体系，该体系由一位法国煤铁联营公司总经理创立，他的名字叫法约尔（Henri Fayol）。我当时研究的这家世界五百强企业，恰好也是煤炭企业，法约尔的故事一下子吸引了我的眼球。

如果说，在化石能源时代，煤炭人建立了现代管理学体系；那么，在低碳时代，能源人又会带来什么样的管理学革命呢？

一

1841 年 7 月 29 日,法约尔出生于土耳其的伊斯坦布尔。法约尔的父亲是一名军人,在伊斯坦布尔监督法国与土耳其合作的工程,退役后返回法国,在铸铁厂里担任主管。1860 年,19 岁的法约尔从圣艾蒂安国立矿业学院毕业,作为矿山工程师进入法国的科芒特里煤矿,25 岁时担任矿长,47 岁时担任科芒特里-福尚堡矿业公司的总经理。那时候,公司钢铁厂出现亏损,煤矿资源枯竭,法约尔通过加强企业管理、并购煤矿资源、发展特种钢新兴产业,将公司发展成法国实力最雄厚的公司之一,并在第一次世界大战中为法国做出重大贡献。

按照英国学者厄威克(Lyndall F. Urwick)的总结,法约尔的实践经历可以分为 4 个阶段:1860—1872 年是第一阶段,作为基层管理者,解决煤矿火灾等采矿工程问题。1872—1888 年是第二阶段,作为主管一批矿井的中层管理者,成为煤田地质和矿井寿命方面的专家。1888—1918 年是第三阶段,担任大型煤炭联营公司总经理长达 30 年,且其间不接受任何与公司无关的名誉职务。1918—1925 年是第四阶段,退休之后宣传推广自己的管理学理论,并将其拓展到国家管理的各个层面。

1916 年,法约尔在《矿业学会公报》第三期上发表了《工业管理与一般管理》,该作品于 1925 年以书籍形式出版。这本书在管理要素、管理原则和管理教育等方面提出了一系列独特的见解,被誉为管理学中的"断臂维纳斯"。

在管理要素上,法约尔认为,管理职能是等同于"会计、

商业、财务、安全和技术职能"的第六大职能,并分析了管理
职能的五大要素——计划、组织、指挥、协调、控制,由此构
建了一般管理理论。现实生活中,我们往往有这样的体会:
技术能力的高低很容易判断,管理能力却很难评价。"没有
最好的管理,只有最合适的管理"。管理职能的五大要素,
看起来似乎平淡无奇,但法约尔提出了许多独到见解和实
操方法,特别是长期计划对企业发展的重要性。其实,今天
的高科技,特别是能源行业的高科技,都是通过多年积累一
步步取得的,像丰田公司在氢能源汽车方面的成就,就和连
续10多年每年都有上亿元的投入紧密相关。

在管理原则上,法约尔提出劳动分工、权利与责任、纪
律、统一指挥、统一领导、个人利益服从整体利益、人员报
酬、集中、等级链、秩序、公平、人员的稳定、创新精神、团结
精神等14项原则。这里面,创新精神原则尤其重要。在带
领公司扭亏为盈时,法约尔果断关闭并出售了福尚堡的钢
铁厂,但是保留了蒙吕松的高炉,大胆应用瑞士物理学家纪
尧姆(Charles-Édouard Guillaume)在铁镍合金方面的最新成
果生产特种钢。这种铁镍合金含有36%的镍,在加热时膨
胀系数很小,在钟表制造等行业具有特殊意义。法约尔的
公司后来成为法国中部最大的采矿和冶金联合公司——克
勒佐-卢瓦尔公司(Creusot-Loire)的一个组成部分,而今天
的克勒佐-卢瓦尔公司,仍然以生产特种钢(如坦克装甲)声
名远扬。

1900年,法约尔在一个矿业与冶金会议上,提出理工学
院应减少高等数学教学,并引进管理方面知识的建议。法

约尔认为,基础数学的学习有利于培养判断能力,但是长时间的高等数学学习在工厂中并不需要,工厂需要的是年轻的、体力和精力旺盛的工程师。这一观点对我国加强技工培训的针对性很有借鉴意义。

2016年是法约尔发表《工业管理与一般管理》100周年,管理学界在高度肯定法约尔成果的同时,也在思考:为什么法约尔的管理学在"二战"后的美国大受欢迎,但在法国反响相对较小,以至于当美国人在法国实施马歇尔计划时,法国人才知道,原来他们还有这位国宝级的管理学家。

有学者将法约尔与同时代的美国管理学家泰勒(Frederick Winslow Taylor)、德国社会学家韦伯(Max Weber)进行了对比,得出的结论是:法约尔是办公室里的总经理,提出了一般管理理论;泰勒作为生产线旁的工程师,以生产效率最高的工人作为样板,提出了科学管理原理;而韦伯作为书桌边的思想家,提出了行政管理思想。不同的视角带来了不同的理论,可以互相补充。但是泰勒在管理学界尽人皆知,而法约尔的知名度却不高。我想,除了法约尔的理论仅对大型企业非常适用,而泰勒提高工人效率的做法则在中小企业亦可以立竿见影之外,美国企业的综合实力远大于法国企业可能是根本原因。

二

商业管理界公认的"竞争战略之父"波特(Michael E. Porter)认为,产业盈利能力体现在5种竞争力中,即:新的竞争对手入侵、替代品的威胁、客户的议价能力、供应商的议价能力以及现有竞争对手之间的竞争（简称"五力模型"）。在此基础上，波特在《竞争战略》与《竞争优势》中，提出了一系列提高这5种竞争力的方法与案例。他还提供了三种基本竞争战略——总成本领先战略、差异化战略、目标集聚战略，并就其对5种竞争力的影响进行了深入分析。"五力模型"是从产业的角度来看的，由于企业可以开拓新的产业，因此，还需要增加企业进入新产业的竞争力评估。此外，波特所列案例均针对不同企业展开，且未充分考虑中国企业的自身特点，缺少针对同一企业采用系统创新方法的案例。

创新理论研究具有百年的历史渊源，从熊彼特（Joseph Alois Schumpeter）的"创新理论"到切萨布鲁夫（Henry Chesbrough）的"开放式创新"，研究者们试图从不同视角理解创新管理的内在规律以及过程。熊彼特认为，"创新"是经济发展的根本现象，是"创造性破坏"过程。创新是建立一种新的生产函数，把一种从未有过的生产要素和生产条件的"新组合"引入生产体系，如新产品、新技术、新市场、控制原材料的供应源、新组织等。切萨布鲁夫提出的"开放式创新"为创新研究提供了一种新的思维模式。他认为，开放式创新是指企业在技术创新过程中，同时利用内部和外部相互补充的创新资源实现创新。它强调多主体的参与以及外部知识资源对于创新的重要性，提倡与客户、供应商、竞争对手、高校、研究院所、科技中介、风险投资机构等进行合作创新，借助开放的外部力量来加快创新速度、提高创新效率，最终形成自身的竞争优势和核心竞争力。这些理论丰富了创新的内涵，但与波特所说的5种竞争力缺少一一对应的关系,不利于企业在实施创新战略时进行统筹考虑、顶层设计。同时,外部机构有着自身的利益,特别是外部机构由于垄断而特别强势时,如何通过博弈促使企业合理利益最大化需要进一步研究。

根据波特的观点,产业盈利能力体现在5种竞争力中,但我在研究后发现,波特的这一理论是针对某个特定的产业而言。由于企业是机动灵活的,可以择机进入新的产业,因此从企业的角度看,企业创新的目的应当在于解决如下问题,即:

1. 如何通过创新提高自身在现有竞争者中的优势?

2. 如何通过创新抵御新的竞争对手入侵?

3. 如何通过创新克服替代品的威胁?

4. 如何提高与客户的议价能力?

5. 如何提高与供应商的议价能力?

6. 如何进入新的产业?

通过对这6个方面的深入分析,不难发现,这6个方面不是截然分开的。现有竞争者、新的竞争对手和替代品有相通的一面,如果企业踏踏实实地练好"内功",提高效益,那么在一般情况下,足以对付现有竞争者、新的竞争对手以及一般的替代品。但是,考虑到替代品有时候具有颠覆性的特点,如模拟时代的摩托罗拉手机无法抵抗数字时代的诺基亚手机,数字时代的诺基亚手机无法抵抗智能时代的苹果手机,因此企业需要时刻关注可能具有颠覆性的替代品,必要时须超前果断进入该替代品市场。同时,企业应当注重适度延伸自身的产业,力争通过高附加值的产品去成为其他市场的潜在进入者甚至颠覆者。一般而言,离主营业务较近时,可通过低成本提供其他行业的普通替代品;离主营业务较远时,如操作得当,可通过差异化或目标聚焦提供其他行业的颠覆性替代品。

对于提高与供应商的议价能力,我国企业大致有4个阶段的创新策略,即进口化、国产化、自主化、共享化。改革开放之初,我国企业的技术水平与发达国家有相当大的差距。以上海宝钢为代表,一些新建企业采用了全套引进国外先进设备与工艺的方式,企业的高产高效抵消了设备/工艺高成本的劣势,使我国的技术能力在较短时间内迅速缩短了与国外先进水平的差距。但自从2001年加入世贸组织以来,随着经济的快速发展,我国基建需求飙升,国外供应商已很难满足快速上升的需求量。为此,我国许多生产企业(主要是运营商)开始联合国内供应商,进行设备与工艺的大规模国产化,极大地降低了工程造价。其后,随着我国自主创新能力的大幅提高,一些技术领先的国内供应商也开始利用其国内垄断的优势抬高价格,迫使以大型央企为代表的生产企业自主开发相关设备与工艺,以打破国内供应商的垄断。经过博弈,最新的发展阶段则是生产企业与国内外供应商共享知识产权,生产企业提供工业化应用机会,国内外供应商提供技术,实现双赢。

在提高与客户的议价能力方面,除了客观存在、很难短期改变的需求因素以及直接进入客户产业、内部消化产能的常规方法外,还需要将眼光放长远一些,给客户创造更多的价值,即不仅努力提高产品自身的性能,还要主动帮助客户解决在使用该产品时产生的通常由客户自己解决的核心问题。通过从与客户利益一体化、长远化方面进行考虑,提高与客户的议价能力。

通过上述分析,我发现企业的系统创新战略与中国象棋相似,需要综合利用车、马、炮、相、士、卒多种创新工具,实现企业竞争能力的全覆盖。由此,我提出了创新型企业的"中国象棋"模式:

1. 稳扎稳打的"卒式"创新——通过踏踏实实的企业管理,以可持续的低成本应对现有竞争者、潜在进入者与一般性替代品的威胁。

2. 旁敲侧击的"马式"创新——通过打破国内外的各种垄断,实现与供应商的知识产权共享与和谐发展。

3. 隔山打虎的"炮式"创新——通过主动解决制约客户可持续发展的心腹之患,提高与客户的议价能力。

4. 适度延伸的"仕相"创新——通过对原有产品的深加工,不断提供高附加值与具有颠覆性的新产品。

5. 千里跃进的"车式"创新——通过直接进入可能具有颠覆性的替代品市场,掌握企业转型升级的主动权。

即便是经济学家自己开的公司也会出现经营问题,可见,理论创建和企业实践是两回事。那么,"中国象棋"模式会有成功案例吗?

三

改革开放40多年来,中国经济快速发展,目前经济总量已经达到全球第二,仅次于美国。但是,由于需求、人力等原有要素禀赋的逐渐丧失，因此科技创新能力不强、产业结构不合理、资源环境约束加剧等问题日益凸显。与此同时，企业在实施创新驱动发展过程中，缺少系统全面的理论指导与案例借鉴，常常在分析问题时"盲人摸象"，只见树木，不见森林；在解决问题时，"头疼医头，脚疼医脚"，陷入了"不创新等死，创新找死"的窘境。

经济的快速发展需要充足的能源保障。1984年10月，一位新华社记者在陕北神木、府谷等地调研后，发表了《陕北有煤海》一文。他发现，在当地乌兰木伦河等河谷，裸露在岸边的煤层有时厚度达七八米，比二层楼还高。这一带不仅煤多，而且埋藏浅，地质结构简单，容易开采，煤质也非常好，用一位美国"老煤炭"的话说，他平生几十年去过很多国家，但还没见过这么量大而优质的煤田。当时，国家正在力推"以煤代油"，在火电厂等消耗能源较多的地方，用相对廉价的煤炭取代宝贵的石油，节约下的资金可用于发展煤炭开采和配套的运输设施，因此《陕北有煤海》引起国家高度重视。1985年，在国家计划委员会的大力支持下，华能精煤公司成立，专业开发陕北一带和邻近内蒙古的神府东胜矿区。1995年，华能精煤公司从华能集团分离，成立独立的神华集团有限责任公司（以下简称"神华集团"），并逐步发展出一条独特的"矿电路港航化"一体化产业链，积累了丰富的创新实践经验，成为"中国象棋"式创新的生动案例。

1. 稳扎稳打的"卒式"创新——煤炭产业低成本、安全、高效、绿色发展

煤炭，是神华集团的发展之本、扩张之基，高标准的建

设与运营实现了长周期的低成本、可持续发展。集团全面实施基于风险管控的煤矿安全管理,建成了以高产高效千万吨矿井群为主的神东矿区,牵头组建了"煤炭开采水资源保护与利用"国家重点实验室,在全球率先提出煤矿分布式地下水库的理念并在神东矿区建成35座地下水库,年供水超过6000万立方米,有力保障了水资源短缺的中国西部矿区的可持续发展。

2. 旁敲侧击的"马式"创新——重大装备/工艺的国产化、自主化与共享化

神华集团的各大板块均为重资产产业,一个工程中的某个重大装备/工艺就可能达到数十亿元。通过以"研发取代采购"的方式,集团组织实施了煤矿液压支架的国产化,以300万元的投入创造了超过100亿元的直接经济效益。此外,集团还自主研发了煤制烯烃项目的催化剂,并在煤气化等重大装备中实现了知识产权共享,与国内外供应商建立了风险共担、利益共享的高端科技成果利益共享机制。

3. 隔山打虎的"炮式"创新——助推煤电企业燃料稳定快捷供应、安全高效燃烧与绿色集约发展

煤电是神华集团动力煤的主要市场,通过主动攻克制约煤电发展的核心问题,集团在为煤电产业开拓生存空间的同时助推了煤炭行业的发展:自建运输体系,保证火电厂燃料的稳定、快捷供应;攻克神华煤电厂锅炉安全高效燃烧技术,充分发挥神华煤这一低硫低灰的优质动力煤的巨大优势;建成中国首个"超低排放"煤电机组,实现了煤电机组在投资较少的情况下常规污染物达到天然气发电标准,为

大气污染防治做出贡献。

4. 适度延伸的"仕相"创新——现代煤制油化工产业与粉煤灰制取铝镓技术

高附加值的产品才能创造出高附加值的利润。神华集团建成了世界上首个百万吨级的煤制油直接液化工厂,生产出来的汽柴油低硫低氮,达到或超过欧Ⅴ标准。在此基础上,集团进一步开发出具有世界先进水平的煤基火箭煤油、煤基喷气燃料、煤基低凝点柴油等高附加值产品。神华准能公司所在的准格尔煤田,燃煤产生的粉煤灰中富含铝、镓,神华集团还研发出了世界首创的从粉煤灰中制取氧化铝的"一步酸溶法"新工艺。

5. 千里跃进的"车式"创新——在新能源、核电、氢能与页岩气等方面的探索

针对全球能源发展的新趋势,神华集团积极探索以风、光为主的可再生能源,以核能为主的零碳排放能源,以页岩气为主的非常规天然气能源的开发,以及未来以氢能为主的能源体系结构的建立,还曾与盖茨联合开展行波堆核电示范工程建设。应该说,神华集团的这种产业业态虽然是新的,但也利用了集团的传统资源与优势,比如,与地方政府的长期良好合作有助于争取新能源资源。

2017年，神华集团和国电集团两家世界500强企业合并重组成国家能源集团，拥有煤炭、火电、新能源、水电、运输、化工、科技环保、金融等8个产业板块。集团资产规模超过1.8万亿元，职工总数34万人，2019年世界500强排名第107位。它既是一家特大型的煤炭生产与火力发电企业，也是目前全球最大的风力发电公司。在中国碳达峰碳中和的时代背景下，公司正在加快绿色转型升级，在此过程中又会诞生出什么样的管理理论与实践经验呢？

24 政 冷暖葡萄酒：

欧盟的前世今生

　　2020 年 3 月 4 日,欧盟委员会公布《欧洲气候法》草案,决定以立法的形式明确到 2050 年实现"碳中和"的政治目标,即温室气体净排放量到 2050 年降为零。欧盟委员会主席冯德莱恩(Ursula von der Leyen)说,将政治承诺付诸立法,迈向可持续的未来,是"欧洲绿色协议"的核心要义,可为绿色增长战略指明方向。按照欧盟立法程序,欧盟委员会提出立法草案,但要真正成为法律,还需欧洲议会和欧盟理事会批准。今天的欧盟是可再生能源方面的先驱,欧盟的组建和煤炭、钢铁这些传统产业紧密相关。

一

1952 年，欧洲煤钢共同体（European Coal and Steel Community，简称ECSC）正式成立，缔约国有法国、联邦德国、意大利、比利时、荷兰及卢森堡。欧洲煤钢共同体是欧洲漫长历史上出现的第一个拥有超国家权限的机构。成员国的政府第一次放弃了各自的部分主权，并将这些主权的行使交给一个独立于成员国的高级机构。

1965 年，欧洲煤钢共同体与欧洲经济共同体及欧洲原子能共同体合并，统称"欧洲共同体"。

1973 年，丹麦、英国、爱尔兰加入欧洲共同体。

1981 年，希腊加入欧洲共同体。

1986 年，西班牙、葡萄牙加入欧洲共同体。

1993 年1月1日，《马斯特里赫特条约》正式生效，欧洲联盟（以下简称欧盟）正式成立。盟旗是蓝底和12颗黄星图案，盟歌为贝多芬第九交响曲中的《欢乐颂》（为保证不出现语言问题，只有曲子而无歌词），名言为"多元一体"，5月9日为"欧洲日"。

1995 年，瑞典、芬兰、奥地利正式加入欧盟。

1999 年1月1日，欧盟正式启动欧元。

2004 年，马耳他、塞浦路斯、波兰、匈牙利、捷克、斯洛伐克、斯洛文尼亚、爱沙尼亚、拉脱维亚、立陶宛10国正式加入欧盟。

2007 年，罗马尼亚和保加利亚正式成为欧盟成员国。

2012 年，欧盟获得诺贝尔和平奖。

2013 年，克罗地亚正式成为欧盟第28个成员国。

2013年,欧盟面积超过453万平方千米,拥有超过5亿人口,欧盟国家国内生产总值达到12万亿欧元,人均国内生产总值为23100欧元,超过美国成为世界上最大的经济体。

在欧盟的建立过程中,被誉为"欧盟之父"的法国政治家莫内(Jean Monet)发挥了重要作用。1888年,莫内出生在法国西南部盛产烈性葡萄酒的科涅克城,早年曾经做过葡萄酒商人。针对"二战"后法国的经济落后局面,莫内以家乡烈性葡萄酒般的执念,敏锐意识到以当时的美国、苏联和今后的中国、印度来衡量,欧洲人只有共同努力、结为一体,才能拥有尊严、独立和进步。为此,他给时任法国外交部部长舒曼(Robert Schuman)写信,提出建立欧洲煤钢共同体的重大建议。在后来的欧洲经济共同体、欧洲原子能共同体、欧洲理事会的成立过程中,莫内都发挥了重要作用,甚至还超前提出了欧洲统一货币的理念。1975年5月,莫内以"欧洲合众国行动委员会"创始人兼主席的身份离开公职;1976年4月,欧洲共同体各国元首和政府首脑在卢森堡召开欧洲理事会会议,一致决定授予莫内"欧洲荣誉公民"称号。

二

权利和义务是对等的,欧盟各国在享受统一市场好处的同时,也需要承担各自的义务。随着欧盟2015年经济总量被美国超越,各种矛盾越发凸显。2016年6月23日,英国就是否留在欧盟举行全民公投。投票结果显示,支持"脱欧"的票数以微弱优势战胜"留欧"票数。2020年1月30日,欧盟正式批准英国脱欧。伦敦时间2020年1月31日23时,英国正式"脱欧",结束其47年的欧盟成员国身份。

对于英国"脱欧",不同的人有不同的解读。在一位新华社驻英记者看来,英国"脱欧"公投像一把无情的手术刀,将英国的表皮瞬间切开,把深藏其下、最真实的复杂肌理与血脉呈现出来。英国就像一个优雅的"破落户",当文明高歌猛进时,往往大汗淋漓、气急败坏;但当它缓缓下行时,反而能够云淡风轻,显现出"一些出人意料的优雅、生趣和情调"。在"脱欧"之旅中,他希望人们同时看到英国的优雅和衰落两个方面。

与英国"脱欧"相比,挪威和瑞士两个国家,很早就通过全民公投,拒绝加入欧盟。这背后又有什么样的故事呢?

挪威在1972年和1994年进行了两次关于加入欧盟的公投,结果均是否决。历史上,挪威曾被瑞典以联盟的名义统治,后又被丹麦以联盟的名义统治,因此人们对"联盟"一词恨之入骨。同时,挪威的石油、水利、渔业、森林等资源丰富,并不愿分羹给欧盟穷国。面对经济一体化的形势,挪威采取了"只恋爱、不结婚"的方式。挪威是欧洲经济区(European Economic Area,简称EEA)成员国,可与欧盟27国在货物、服务、人力以及资本方面自由流动,但对于农业、捕渔业、司法和内政不做干预。

瑞士则由于对传统中立的留恋,干脆连欧洲经济区也不加入。瑞士联邦最终形成于1848年,而在此之前,瑞士只存在各个独立地区的历史,这些独立地区逐渐形成了现在的瑞士。瑞士人自己说:"瑞士之所以成为瑞士,是因为有些德意志人不愿做德国人,有些法兰西人不愿做法国人,有些意大利人不愿做意大利人。"于是,这些人一起成了瑞士人。作为永久中立国,瑞士在1986年举行过一次全民公决,当时有75%的人反对加入联合国。因为很多人担心,一旦加入联合国,东西方政治的两极化会影响到瑞士的中立立场。直到2002年,瑞士第二次公投时以微弱优势通过,加入联合国。

尽管未加入欧盟,但是挪威和瑞士在低碳发展方面和欧盟所倡导理念相近。 2020年,挪威船东协会(Norwegian shipowners' Association)宣布,其成员设定了一个目标,即到2050年挪威船队全部实现碳中和。瑞士也明确提出2050年实现全国碳中和的目标,该国实力雄厚的大学和企业正在开展一系列的科技创新。

三

在目前的欧盟27国中,德国和法国扮演了重要角色。2020年,德国出台《德国国家氢能战略》,并推动欧盟出台《欧盟氢能战略》。目前,德国在可再生能源发电方面进步很快,但是交通领域的脱碳则相对滞后。"氢能战略"作为"能源一体化战略"的关键,将在工业生产、交通运输等领域实现去碳化;该战略旨在通过投资、监管、市场创建以及研究和创新等一系列措施,帮助将这种潜力转化为现实。

欧盟将"氢能战略"分为3个阶段共30年的"三步走"计划:

第一阶段(2020—2024年),建造一批单个功率达100兆瓦的可再生能源电解制氢设备,制氢能力约相当于每小时

1.7 吨。

第二阶段（2025—2030年），建成多个号称"氢谷"（Hydrogen Valleys）的地区性制氢产业中心，通过规模效应以较低廉的价格为人口聚集区供氢。

第三阶段（2030—2050年），重点是氢能在能源密集产业的大规模应用，典型代表是钢铁行业和物流运输行业。

在欧盟向可再生能源转型的浪潮中，以核电为主要能源的法国也在积极发展风能、太阳能。2018年第二季度，法国电力消费的31%来自可再生能源，创1973年以来最高历史纪录。

相对于欧盟2050年碳中和的整体目标，一些城市提出了更为激进的碳减排目标，比如，丹麦哥本哈根市政府早在2009年就确定了2025年成为世界第一个零碳城市的目标，并于2012年8月出台《哥本哈根2025年气候规划》，着重于节能、能源生产、绿色交通和市政项目等4个方面的工作。以能源生产为例，到2025年，区域供暖实现100%零碳，利用风能和生物质产电，工业和家用塑料制品完全区分，有机垃圾完全生物气化。再以交通为例，到2025年，75%的交通手段为步行、骑行和公共交通，公共交通增加20%，公共交通工具完全零碳，20%—30%的轻型车辆用新能源，30%—40%的重型车辆用新能源。

在欧盟2050年碳中和之路上，波兰的能源转型是个老大难问题。波兰煤储量居世界第5位，薄煤层开采装备国际领先，煤炭工业在波兰的经济、生活和社会发展中占有重要地位。1950年，波兰现代煤炭工业开始建立，1976—1988年达到鼎盛时期,年平均总产量接近2亿吨。接下来的整个90年代,由于煤炭价格下降、煤炭工业国有经营体制障碍等原因,全行业一直处于举步维艰的状况,不得不开始进行大规模的调整重组。进入2000年后,国际煤炭价格上扬,受波兰加入欧盟进行新一轮煤炭产业振兴计划和产业调整基本到位等有利因素影响,波兰工业进入了恢复发展时期。近年来,在全球变暖的外部压力和煤矿开采成本增加的内部压力下,波兰正在进行艰难的能源转型,除自身主动求变之外,还需要欧盟提供实实在在的经济与技术支持。

在欧洲的统一之路上,拿破仑(Napoléon Bonaparte)和希特勒(Adolf Hitler)都曾受到俄罗斯寒冷天气的严重干扰。在1941年那个极端反常的冬天,德国送往前线慰问的葡萄酒都结冰了,也许就是这一刻,已经为"二战"德国战败、冷战美苏争霸以及后来成立的欧洲煤钢共同体、欧洲经济共同体、欧盟埋下了种子。近年来,《自然-气候变化》期刊上的一篇论文研究了近500年来的法国葡萄采收记录,发现如今葡萄采收期已经提早了整整两周,一些葡萄品种因成熟期前移,获得了理想酸度,产出了更高品质的葡萄酒。然而,过犹不及,如果全球变暖程度继续加大,采收得过早,也不利于葡萄酒的品质。葡萄酒,用它的品质,默默见证了欧盟在新时代绿色发展中的凝聚力、向心力、影响力,也正在见证阿盟、非盟、东盟等其他联合体与全人类在低碳之路上的共同努力!

文艺篇

25 根 黑金 2020：
平凡的世界与世界的平凡

2019 年 10 月 18 日，在中国矿业大学（北京）110 周年校庆文艺晚会上，我看到了一个节目《煤啊，我的情人我的黑姑娘》：男孩和女孩在矿区青梅竹马，后来一起来到北京读书成为恋人。毕业之后，男孩回到矿区挖煤，女孩先留在北京，后来出国，两人选择了分手。在某个夜深人静的时刻，他们想到了对方。煤炭，寄托了彼此的情感。这让我想起了 1988 年作家路遥的小说《平凡的世界》。主人公之一孙少平就是一位矿工。同年，中国原煤产量达到 9.7 亿吨，首次超过美国。煤炭，推动中国成为全球唯一拥有全部工业门类的国家，在全球低碳化的浪潮中，煤炭将何去何从？

一

"言者无意,听者有心。"当美国的环保人士和煤炭从业者就全球变暖吵得不可开交时,担任明尼苏达州助理检察长的弗里兹(Barbara Freese)却对煤炭产生了浓厚的兴趣。她暂时放下了自己的律师事务,全身心地去写一本关于煤炭的书:《黑石头的爱与恨:煤的故事》(*Coal: A Human History*)。从此,她的孩子在餐桌上听到的煤炭故事,远远超过了他们的同龄人。她发现,瓦特(James Watt)为了高效地抽出煤矿矿井水,发明了蒸汽机;斯蒂芬森(George Stephenson)为了把煤炭运输出来,发明了火车;对沿海运输煤炭的护航,催生出强大的英国皇家海军;煤炭的集中供应,诞生了曼彻斯特等工业城市;1900年,煤炭在美国能源消费中的占比高达71%,支撑着美国成为世界上最大的工业国家。

同是化石能源,煤炭还可以用于煤制气、煤制油。煤制油技术主要有煤炭直接液化和煤炭间接液化两种。煤炭直接液化相当于做红烧肉,直接把煤的大分子切成油的中等分子;煤炭间接液化相当于做猪肉丸子,先把煤的大分子完全打碎,然后组装成一个个油分子。近年来,中国已经在内蒙古鄂尔多斯建成年产百万吨的直接液化示范工程,在宁夏银川建成年产400万吨的间接液化示范工程。

我国的煤制油直接液化工程原来准备采用国外公司的技术,但是有位中国科学家发现该技术有不少疑点,于是大胆提出采用国内自主研发技术。在对比分析的紧要关头,这位科学家天天在北京的煤制油测试线上做实验,忙得家也不回。当国人为石油对外依存度高而忧心时,煤炭人已经悄悄地准备好了石油"备胎"。并且,在直接液化工程中,还配套建设了每年可以封存10万吨二氧化碳的项目,目前已经在地下2000多米封存了30万吨二氧化碳,为应对全球气候变化提供了技术储备。

煤炭不仅是我们身上穿的化纤衣服原料,还催生出染色工业。19世纪中期,英国化学家珀金(Sir William Henary Perkin)尝试合成一种对抗疟疾的药物。虽然实验没能成功,但他无意中摆弄煤焦油副产品苯胺时,却发现因苯胺含有杂质,黑色的沉淀物在水洗后变成了鲜艳的紫色。当时,人们的衣服颜色几乎只有红、棕、黄等少数几种,一时间,这种苯胺紫染色剂风靡欧洲。拿破仑三世(Charles-Louis-Napoléon)的妻子觉得这种颜色与她眼睛的颜色很搭,英国的维多利亚女王(Alexandrina Victoria)兴致勃勃地穿着紫色长袍参加在伦敦举办的万国博览会……工业革命催生的高效纺织机生产出大量棉布,给这种染料提供了广阔的天地,让众多喜欢时尚的女性可以享用。时尚女性推动了染料工业的大发展。

有人说:"有了煤,我们才有了光明、力量、动力、健康和文明,否则,我们便只有黑暗、贫穷和野蛮。"

二

煤炭是不可再生资源,随着煤炭的大规模使用,资源枯竭型城市和废弃矿井越来越多。2017年,我参与了中国工程院重大战略咨询项目"中国煤矿安全及废弃矿井资源开发利用战略研究"。在讨论废弃矿井的转型升级时,经常有专家把德国鲁尔作为一个典型案例来分析,但是分析之后,再看看其他地方的情况,专家往往会感叹一句:"世上只有一个鲁尔!"

鲁尔区是德国最大的工业区,也是世界最重要的工业区之一,其工业产值曾占德国工业产值的40%,贡献了德国80%的硬煤、90%的焦炭、60%的钢铁和35%的炼油量。鲁尔区不是严格意义上的行政区域,而是类似于中国"苏南""苏北"这样的区域概念。它位于德国西部、莱茵河下游支流鲁尔河与利珀河之间,处于北莱茵-威斯特法伦州境内,包括11个县市,其中有多特蒙德、埃森、杜伊斯堡等比较有名的工业城市。通常我们将鲁尔煤管区规划协会所管辖的地区,作为鲁尔区的地域界限,其面积为4430平方千米,不到德国面积的1.3%;人口约540万,占德国人口的6.6%。

鲁尔区的煤炭质量好、煤种全、品位高。鲁尔区从19世纪初开始发展煤炭工业,后逐步发展成为世界上最著名的重工业区。鲁尔区的工业是德国发动两次世界大战的物质基础,战后又在联邦德国的经济恢复和发展中起过重大作用。从20世纪60年代开始,鲁尔区传统的煤炭工业和钢铁工业逐渐走向衰落,开始了艰难的转型升级之路。

2014年,韩国电影《国际市场》感动了很多人。电影讲述了纵有抱负理想却从没有为自己认真活过一次的德秀,为了家人拼搏一生的故事,被誉为"韩国的《阿甘正传》"。电影中,让我印象深刻的是,为了实现"保护好家人"的承诺,为了让弟弟读书和给家里买新房子,德秀前往鲁尔做矿工,他在矿难中九死一生,但也幸运地结识了在护士学校读书的英子……

德秀和英子，是当年韩国向德国输出劳工、赚取紧缺外汇的一个缩影。据统计，韩国在1963—1977年，先后向德国派遣了成千上万名矿工、护士。1964年12月，韩国总统偕夫人访问德国时，特意去鲁尔煤矿看望当地的韩国同胞，感谢他们为了家人在异乡辛苦工作。正是累赚下的宝贵外汇，为韩国的经济腾飞和高科技发展打下了坚实的基础。2009年底，韩国力压美国、法国等世界老牌核电出口国，成功与阿联酋签订价值200亿美元的核电站建设协议，再加上核电站后期运营、维护及为反应堆提供燃料等费用，协议总价值高达400多亿美元，一时间轰动全球，也深深激发了中国核电人走向世界的决心。

埃森和多特蒙德都是鲁尔区城市群中人口超过50万的城市，其转型发展既有共性又有各自特色。

埃森通过将原有工业建筑物进行有效的保护和更新，从矿业城市转变为文化艺术之都。由荷兰建筑师库哈斯（Rem Koolhass）设计的鲁尔博物馆是关税同盟煤矿世界遗产地区的主建筑，由第12号矿区原来的洗煤塔改建而成。当年运煤的传送带被改造成数十米长的橙色自动观光扶梯，内部景观则体现着原有钢厂的特征。博物馆的楼梯间进行了别出心裁的设计，强烈的红色光带与幽暗的氛围形成对比，让人感受到现代艺术的冲击。2010年埃森当选欧洲文化之都，成为欧洲著名的文化、艺术、创意设计及旅游城市。

多特蒙德曾以钢铁、煤炭和啤酒为三大支柱产业。后来,原采煤产业逐步转化为以高科技为支撑的新兴能源产业,原钢铁产业逐步发展成为基础材料业,原运输业逐渐过渡成为现代化的物流业。目前,信息技术和微型机电系统、电子商务和电子物流等行业已经成功取代煤炭、钢铁和啤酒行业,成为城市的主导产业,多特蒙德已从工业城市转型成为科技之都。

2018年12月21日,德国总统出席鲁尔区最后一个煤矿坑的关闭仪式,矿工们在仪式上动情落泪,当地的足球迷也百感交集。德甲劲旅多特蒙德队的首席执行官在接受采访时说:"对这里的人们而言,煤炭、足球和啤酒是永远不可分割的,这三样东西已渗透到了我们的文化和社区之中。"在12月22日的足球比赛上,多特蒙德队的球员们穿上了特制的球衣,胸前印着的"Danke! Kumpel"在德语中是"谢谢!伙伴"的意思。

今天,虽然新能源发电快速发展,但德国依然在国内开采露天煤矿(主要是含水量高的褐煤),并且从波兰等国进口煤炭,燃煤发电依然是德国能源的重要组成部分。2018年欧盟碳交易体系固定设施碳排放量为16.55亿吨,比2005年下降29%。在十大二氧化碳排放企业中,有九个是褐煤发电厂,其中七个在德国。未来,德国的煤炭和煤电将何去何从?

三

在研究《神奇的煤炭》一书封面时,一位专家告诉我,他当年在美国参观一个煤矿设备展览会时,曾看到一张图片——一双沧桑的大手捧着一大块煤炭,直击人心。的确,煤炭代表着一种历史,一种传承,一种奉献,一种执着。

1979年,邓小平访问美国时,在华盛顿肯尼迪表演艺术中心观赏了丹佛(John Denver)演唱的《高高的落基山》(*Rocky Mountain High*)。使丹佛一跃成为著名乡村音乐歌手的是歌曲《乡村路带我回家》(*Take Me Home, Country Roads*),歌曲讲述了歌者对家乡西弗吉尼亚矿区的浓浓思念。歌中唱道:"我的全部记忆都围绕着她,矿工的情人,没见过大海的人儿。天空灰蒙蒙的昏暗一片,月光朦朦胧胧,我的泪眼汪汪。乡村路,带我回家,到我生长的地方——西弗吉尼亚,山峦妈妈。"

随着20世纪太空时代的到来,西弗吉尼亚州矿区又增添了新故事。电影《十月的天空》就是一部不错的青春片、父子片、师生片,影片讲述了一个美国西弗吉尼亚州煤矿工人的中学生儿子自制火箭获得国家科学奖的故事。电影中的一些对话很有意思:

(火箭研制时)

小伙伴:火箭发射成功的可能性有多大?

男主人公:百万分之一。

小伙伴:这么高! 怎么不早点说呢?

(男主人公制作的火箭在全国获奖后)

父亲:听说你见到心中的火箭英雄了,见到时还不认识。

男主人公:他是牛人,但不是我心中的英雄。老爸,我们在几乎所有事件上看法都不同,但我相

信自己会有一番成就的。这不是因为我们不同，

而是因为我们相同。一样的固执，一样的强悍。

随着美国页岩气的大规模商业化开发，能源界的革命老区西弗吉尼亚州再一次吸引了世界的眼光。这里，又会诞生什么样的伟大文艺作品呢？

四

2017年5月，百度创始人李彦宏在一次演讲中提到，在智能时代，如果数据是煤，那么算法就是推动社会进步的蒸汽机。今天，人们想起工业革命的时候，想到的是蒸汽机而不是煤矿。

2020年12月，华为技术有限公司创始人任正非深入全国首座5G煤矿——新元公司的井下考察新技术的应用情况。可见，煤炭已成为华为打造智能产业的重要突破口。煤矿井下的复杂情况，为包括5G在内的各种智能化技术提供了难得的应用场景，犹如当年抽取煤矿矿井水为蒸汽机的出现提供了契机一样。近年来，通过建设智能化矿井，一些煤矿工人已经不用再上夜班，过上了普通人的生活。这，真是一个平凡的世界。

2020年，《商业周刊/中文版》刊登了两篇题为"煤炭业现状或令特朗普竞选失分"和"一个宾州工薪阶层之子如何重筑'蓝墙'"的文章。综观而言，两篇文章主要讲述了在竞选的关键时刻，拜登通过精心塑造的废弃矿区斯克兰顿好胜小子的形象赢得了宾州，并锁定了最终的胜局，击败了曾在四年前戴上安全帽，提出重振煤炭业的特朗普的故事。

根据美国能源信息署2021年度能源展望报告，2020年煤炭在美国能源消费中的比例已经不到10%，预计几年后会被水电、生物质发电之外的可再生能源（如风能、太阳能）超过，但煤炭到2050年仍然拥有一席之地，占比超过5%，与核能相当。

煤炭，这普普通通黑石头的物质与精神，竟然在21世纪还深刻影响着中国高科技和美国总统竞选。这世界，其实真的好平凡。

我对煤炭，也有一种特殊的感情。读研期间，家里开始养蚕，在蚕宝宝"上山"吐丝的时候，需要点燃煤炭，让屋内温度保持恒定。谁会想到，"白富美"的蚕丝是在黑不溜秋的煤炭的精心呵护下，来到人间的呢？今天的煤电，就像我们的父母一样，在新能源与可再生能源"吃饱喝足"之后，才开始吃剩下的"残羹冷炙"，同时还要通过更加紧凑的设备布置、更加灵活的调节能力，来适应任性的风能与太阳能。一位专家在考察欧洲最新煤电机组后，深有感触地说，现阶段煤电是风能与太阳能发电的最大支持者！

26 魂

"故乡的海风啊，掀起了时代的浪"

2018 年 12 月，电影《海王》上映。影片中，反面人物奥姆作为一个海底国家的国王，准备联合其他海底国家进攻陆地上的人类。奥姆的理由是：陆地人贪得无厌，不断污染海洋，还导致全球变暖，进一步威胁海洋生物的生存。其实，奥姆的祖先是陆地人，而人类也是由海洋生物一步步进化而成的。

一

"民以食为天",人类与海洋的交集,首先是海鱼。

1492年,通往东方的陆路被奥斯曼帝国切断,哥伦布(Cristoforo Colombo)在西班牙国王的资助下出海远航,一路西行,踏上了寻找东方帝国的另一条道路,结果无意中发现了美洲大陆,人类由此进入大航海时代。系列电影《加勒比海盗》对英国皇家海军进行了无情的嘲讽,其实,在燃情音乐的背后,是大英帝国的海上辉煌。在真实的历史中,海盗们的"潇洒"早已随风而去。

哥伦布并不是第一个发现美洲大陆的欧洲人。据说,早在11世纪,北欧的维京海盗就曾经到过加拿大的纽芬兰地区。在维京人的餐桌上,大西洋鳕鱼的地位最为特殊。这是一种冷水鱼,最大可以长到近两米长,近百千克重。鳕鱼肉质细嫩,肉味清淡,体型大,产量高。有种夸张的说法,在鳕鱼鱼汛的时候,人们可以踩着它们的背在海面上行走。鳕鱼油脂含量很低,仅需简单晾晒风干,就可以经久不坏,而鳕鱼干的蛋白质含量高达80%,早已成为维京汉子搏命大洋的必备之宝。

巴斯克人是居住在今天法国与西班牙交界处的一个神秘民族,他们很早就发现了纽芬兰的鳕鱼群,并长期秘密捕捞,还将用盐腌渍的鳕鱼供应欧洲各地。在经营鳕鱼产业的几百年间,巴斯克人始终对捕捞的渔场所在守口如瓶。1497年,英国王室想要开拓自己的香料航线,率队探索的卡伯特(John Cabot)在纽芬兰一带意外地发现了上千条巴斯克渔船,巴斯克渔场的秘密才终于为人所知。

鳕鱼肉价格昂贵,鳕鱼渔场犹如海上金矿。北美洲的人们把鳕鱼干运到西非,跟那里的奴隶贩子交换奴隶,然后把奴隶运到西印度群岛生产糖蜜,再把糖蜜运回波士顿用来酿酒,并且用鳕鱼干作为成千上万奴隶们的口粮,从而过上了自给自足的小日子。1677年,当新英格兰向伦敦送上1000条鳕鱼作为礼品时,就提出英格兰的法律是以四海为界,并未延伸至美洲。1773年,在波士顿倾茶事件中,因鳕鱼发家的"鳕鱼贵族"的余党更是打扮成印第安人的模样,登上商船,将船上的货品一股脑倒进波士顿湾。1776年,美国独立战争爆发。

回首往事,鳕鱼的秘密曾让欧洲人大规模发现美洲迟到了几百年,鳕鱼经济又大大加快了美洲独立的步伐,鳕鱼不愧为一种改变了美洲的鱼!

鳕鱼除了鱼肉可供食用之外,鱼油还可以用于照明。和鳕鱼相比,从一头120吨重的蓝鲸体内可获得40多吨的油脂,优势非常明显。19世纪50年代,随着鲸被大量捕杀,鲸油成本不断上涨,企业家开始加快寻找鲸油的替代品。

1846年,加拿大籍医生兼地质学家格斯钠(Abraham Gesner)最早从煤炭中提取出灯用煤油,1850年他创建的公司安装了第一批城市照明灯。1853年,波兰化学家武卡谢维奇(Jan Ignacy Łukasiewicz)第一次从原油中精炼出煤油,并于1856年创建了世界第一座炼油厂。1859年,随着德雷克(Edwin Drake)在美国打出第一口油井,现代石油工业正式起步。石油拯救了当时岌岌可危的鲸。

二

1946年,末路穷途的科尔-麦克基公司在不断受到同行排挤的情况下,被迫去海上开采石油,并花高价获得了两块近海土地的石油开采权。1947年11月的一天,当钻头打到530米时,一个工人看见浓稠的墨绿色液体流进了储存钻井液的深坑里。这是第一口海上商业油井,标志着现代海洋石油工业的开端。

1967年6月14日,在大庆油田发现8年之后,海洋石油勘探指挥部3206钻井队用自制1号固定桩基钢钻井平台,首次在渤海钻成海一井,日产原油35立方米。这标志着中国海洋石油工业的开端。

1979年11月25日,"渤海二号"钻井船翻沉,在找到遇难石油工人的尸体时,海面上一片橙红。工人们将彼此捆绑在一起,以防漂散,橙红色的救生衣炫目地漂浮在海面上。苦难的历史,打开了一位中国女作家思维的闸门:

> "'我到现在还没有看到过原油呢!'我对平台经理说。人类用自己的血液换来地球的血液,我急切地想一睹它的真实原始的面貌。平台经理打开一处管道,我看到了未经炼制的刚刚从海洋深处吸取到的原油。它黑如沥青,黏稠得发亮,散发着隐隐的热气。可以摸一下吗?我试探着问,怕它如沸点很高的温泉一般烫人。平台经理瞟了一眼某块仪表,说,此刻的油温是35.2 ℃。我把手指深入原油,挑起一道亮而黏稠的丝。微温,令人感觉到很舒适。我想,这就是地球皮肤的温度了。"

如果海上原油发生大规模泄漏,那就是一场灾难了。2010年4月,美国南部路易斯安那州沿海的一个石油钻井平台起火爆炸,海面下1525米处的受损油井发生漏油,史称"墨西哥湾漏油事件"。一位加拿大女作家参加了对这次泄漏事件的报道,曾连续多日吸入有毒的烟雾。她穿越被污染了的沼泽地,拍下了整片油光发亮的水面。在这个墨西哥湾沿岸动物的产卵季节,女作家深深地为各种可能被毒素扼杀的鱼类幼体担心,她感觉自己乘的船不是浮在水中,而是悬浮在物种流产的羊水中。这种感觉在她后来怀孕困难时尤为强烈。幸运的是,由于静心调养,她最终成为母亲。

墨西哥湾漏油事件的责任方是英国石油公司。近年来,英国石油公司加快了低碳化的步伐,措施之一就是用海上风电给海上石油平台供电。

三

海上风电最早起源于丹麦,1991年建成投产的Vindeby项目,共安装了11台450千瓦海上风电机组,是世界上第一个海上风电场。2019年,全球新增519.4万千瓦海上风电,比2018年增加24%。到2019年年底,全球海上风电总装机2721.3万千瓦,其中,英国总装机为970万千瓦,排名第一;德国总装机为750万千瓦,排名第二;中国总装机为490万千瓦,暂居第三,但是中国发展势头强劲,占据了全球在建海上风电约一半的份额。

英国海上风电资源丰富,产业起步虽晚于丹麦,但是凭借完善的政策支持体系,不仅有效地吸引了诸如丹麦的丹能集团(DongEnergy)、瑞典的大瀑布电力公司(Vattenfal)、德国的意昂集团(E.NO)等国外著名能源公司前来开发,实现了海上风电的快速发展,同时也在本国培育形成了一批具有竞争力的海上风电企业。从2017年开始,英国全面实施差价合约制度,进一步激发英国海上风电的活力。该机制由中标发电企业与政府管控的低碳合约公司签订合约电价,发电企业在通过竞争获得中标电价的基础上,还可以获得市场参考电价与中标电价的差额,以此有效降低风电开发商的风险和项目融资成本。在2017年9月公布的第二轮差价合约竞标结果中,丹麦能源巨头丹能集团、中国长江三峡集团公司、葡萄牙电力公司、挪威Statkraft公司与德国莱茵集团旗下Innogy公司联合体各中标了一个风电场。根据投产时间,英国海上风电价格将从2018年的119.89英镑/兆瓦·时下降到2020年的57.5英镑/兆瓦·时。

德国北海和波罗的海的许多海面风力比陆地上的风力更加平稳,非常有利于发展海上风电。同时,一度较高的技术成本近几年大幅下降,民众对风电的认可度也有了很大提高。德国联邦政府计划到2030年实现2000万千瓦海上风电目标,并要求相关部门积极配合,及时将海上风电新建位置列入海洋面积使用发展规划,并规划在2021年到2030年先后建设14条海上风电连接线路,确保海上风电场的电力可直接输送到消费者手中。同时,加强电力输送相关技术开发,新技术中525千伏塑料绝缘直流电缆可使北海所需的输电电缆数量减少一半,也可减少对联合国教科文组织保护的北海浅滩国家公园的破坏。

受制于国外专用施工装备造价高昂、国内配套产业不够成熟、相关技术研究人员知识结构欠缺等主、客观因素影响,中国的海上风电产业在开发之初步履维艰。

2010年3月,龙源电力作为中国最大的风电开发企业,全力推进全球首个潮间带风电项目——龙源江苏如东3万千瓦潮间带试验风电项目建设,正式拉开了中国海上风电开发布局的序幕。所谓潮间带,是指随着潮汐变化,涨潮时被海水覆盖、退潮时露出水面的滩涂。在潮间带上进行风电基础施工,被誉为"在豆腐上插筷子"。为此,龙源电力自主研制了满足单桩沉桩垂直度要求的扶正纠偏设备,垂直度误差率可控制在0.2%之内,达到国际先进水平。后来,龙源电力又把眼光放在更远更深的海域,在福建莆田南日岛海上风电场上实现了中国岩基海床单桩基础的零突破。

在中国的海上风电基础作业技术日益成熟时,国际上漂浮式海上风电也开始快速发展。21世纪前十年是漂浮式海上风电的示范阶段,首批风机已经开始发电,大西洋和法属地中海沿岸是这一发展强劲的新兴市场的先锋力量,韩国也已经宣布将建设两个大型漂浮式海上风电场。

四

2020年年初,央视播放的电视剧《奋进的旋律》是根据真实事件改编的,讲述了中国年轻人开发3兆瓦海洋潮流能平台的故事。平台犹如一把小提琴,漂浮在潮流能资源丰富的舟山海面上。电视剧的主题歌中唱道:"故乡的海风啊,掀起了时代的浪。"

在岸边、海峡、岛屿之间的水道或湾口,潮流速度很大,而且海岸的集流作用能使潮流更为丰富。潮流主要集中于北半球的大西洋和太平洋西侧,如北大西洋的墨西哥湾流、北大西洋海流,太平洋的黑潮暖流、赤道潜流。美国、英国、日本、韩国、加拿大、法国等都有丰富的潮流能资源,均在开展相关研发工作。中国舟山地区潮流能资源丰富,是相关项目开发的理想试点地区。

据电视剧导演回忆,最难拍摄的片段莫过于平台下水和模块下水。"潮流能平台已经建立在那儿了,是现成的,我们要拍摄它下水的过程,几乎是不可能的。"为了这段戏,剧组查找了一些当时的纪录片。"严格说来,我当时是'无实物导演'。演员们面对天空做表情、做手势,有人问天空中有什么,我说那是吊车,吊车吊着模块;有人看着地面,问地上有什么,我说那是模块的插口。这些东西其实现场都没有,有的只是天空和一大块蓝布。"最难忘的则是平台遭遇风暴那一场戏。导演至今仍记得那幅场景——平台坐落在海上,消防车、威亚、鼓风机等大型设备都上不去,剧组只能依靠人力来完成这场戏。"用人力去拉麻绳,用麻绳替代威亚,用电扇替代鼓风机,用两杆洗车的水枪来制造'暴风雨'。"

在电视剧《奋进的旋律》中有两位老戏骨:饰演民营企业家的张丰毅和饰演研究院院长的杨立新。张丰毅年轻时靠饰演电影《骆驼祥子》中的祥子一举成名,杨立新则常年在北京人民艺术剧院出演话剧《茶馆》。时代变了,这些老戏骨饰演的角色变化,不正是一部生动厚重的中国产业升级史吗?在参演《奋进的旋律》时,他们又会有什么样的心路历程呢?

其实,潮流能目前还属于很小众的能源,开发成本也极高。不过,谁能说清楚一个孩子的明天呢?

从海鱼、海油、海风到海流,人类在不断地利用资源发展自己。或许,真正的"海王",正是我们自己。是我们,决定了海洋的未来,也决定了自己的未来。而在这保护与开发并重的征程中,有《面朝大海,春暖花开》中的单纯,有《老人与海》中的坚强,有《奋进的旋律》中的青春,还有……

27 梦 | 中国梦：
"新能源+"特色小镇

2015年以来，浙江省开始推动建设特色小镇，如历史特色方面的西湖龙坞茶镇、金融方面的上城玉皇山南基金小镇、数字经济方面的余杭梦想小镇。这种特色小镇不是行政区域单位，而是单个面积一般不超过3平方千米，集"生产、生活、生态"于一体（简称"三生融合"）的新型产业集群。在此背景下，我在2016年也参与了宁波某沿海开发区的"追风逐浪"特色小镇的设计。当地政府的设想是将风能、太阳能和潮汐能进行一体化开发，并希望开发商能引入一些附加值高的产业。

一

2016年2月,国家发展和改革委员会、国家能源局、工业和信息化部联合发布了《关于推进"互联网+"智慧能源发展的指导意见》。一时间,国内能源互联网项目风起云涌。此时,我正在宁波某电厂挂职总经理助理,主持研究一个软课题项目"能源互联网示范项目创新模式研究",为电厂参与宁波"追风逐浪"特色小镇项目以及其他新能源项目的开发服务。为此,我邀请了国务院发展研究中心、北京低碳清洁能源研究院、清华大学能源互联网创新研究院等单位的专家来宁波交流。

在交流中,一位专家建议我把软课题研究和项目开发的定位改为"新能源+",因为有了"+",就意味着"一切皆有可能了"。

于是,我们结合当地已有的电动汽车特色小镇和规划中的通用航空机场小镇,把"追风逐浪"特色小镇的内涵进行了拓展,隆重推出了"新能源+"方案,主要内容有:

新能源运营:风能、光能(晶硅发电+薄膜发电)、潮汐能、生物质能(厨余垃圾发电)、电动汽车大巴、加氢站与氢能源大巴等。

新能源+装备制造业:除了附近的电动汽车设备制造商,还可以引入高端薄膜电池制造厂等。

新能源+农业:一方面,在水面上铺设太阳能电池板,实现"渔光互补";另一方面,像德国海港那样,将当地特色海鲜存进冷库,利用随机性强的新能源给冷库供电,然后将冷冻后的海鲜通过旁边的通用航空机场送往全国各地。

新能源+建筑：可参照丹麦的低碳建筑设计风格，体现节能、时尚理念。如：丹麦哥本哈根的"8"字形建筑有一个自行车斜坡，从地面到屋顶，我们可进一步设置自行车发电；建筑里有自动洗碗机、智能马桶、地暖等现代生活配置；厨余垃圾处理后可用于发电。

新能源+影视：拍摄电影《北欧之恋》，讲述特色小镇的幸福故事堪比北欧，以此扩大小镇知名度。

新能源+旅游：利用通用航空机场，引导游客到周边海岛上休闲度假，海岛还可引入氢能等时尚元素；利用漫长的海滨大道，开展马拉松比赛，并在太阳升起的瞬间触发太阳能发电，作为比赛的开始时间。

新能源+人文：在太阳能发电装置旁安放梵·高雕塑与向日葵，讲述太阳能发电向太空发展的故事；在建筑中讲述乔布斯小时候因受地暖启发而奠定苹果风格的故事。

如果说，新能源小镇突出新能源生产，电动汽车小镇突出新能源消费，通用航空机场小镇则突出了新能源思维。新能源生产、新能源消费、新能源思维构建了"新能源+"的金三角。

二

朗斯潮汐电站是法国在可再生能源领域的一张名片。电站位于法国圣马诺湾朗斯河口，这里是世界著名的大潮差地点之一，平均大汛潮差10.85米，最大潮差13.5米。朗斯潮汐电站于1959年开工建设，1966年建成投产，电站长750米，坝内安装有直径为5.35米的可逆水轮机24台，每台功率1万千瓦,总装机容量为240兆瓦,采用多种运行方式,最大限度地克服了潮汐电力间歇性的缺点。自1966年起,朗斯电站一直成功运营。它还是法国第一大工业旅游景点,每年接待游客几十万人。

那么,法国后来为什么没有建设更多的潮汐能电站呢?有专家认为,一是像朗斯这样高的潮汐差很罕见,二是拦河坝会改变生态环境,带来环境损害,"1966年时,法国还是个相对贫穷的国家,尚未从第二次世界大战的破坏中恢复,这类环境问题还没有成为他们的首要顾虑。"

韩国国土面积狭小,化石能源匮乏,却是一个潮汐能资源非常丰富的国家。韩国三面环海,其西海(中国称为"黄海")岸和南海岸潮流强劲,海水涨退潮间落差大、海岸地形易于储蓄大量海水,为韩国利用潮汐能发电提供了得天独厚的条件。2011年8月,韩国始华湖潮汐能电站正式运营,取代朗斯成为当今世界上规模最大的潮汐能电站。该电站共有10个发电机组、8个排水闸门,装机容量为25.4万千瓦,年发电量达5.5亿千瓦时。在利用潮汐能发电的同时,电站还配套建设了观景平台、"空中"咖啡厅、纪念品商店等观光休闲设施,并探索了海上风力发电和太阳能发电。

宁波"追风逐浪"特色小镇项目的核心就是潮汐能电站,但与法国朗斯和韩国始华湖潮汐能电站相比,小镇的潮汐能开发技术经济性略差,需要不断优化技术方案和商业模式。但我们相信在不远的将来,随着科技进步和成本降低,宁波"追风逐浪"特色小镇的梦想终会变成现实!

三

在宁波"追风逐浪"规划项目的海滨大道上,我对前来提供咨询的两位专家说,项目开发需要考虑投资回报,在当前暂时不具备一体化开发条件的情况下,可以把这个"追风逐浪"项目的开发过程拍成一部电影,一部体现当代"中国梦"的电影。

这两位专家都是河北人,电气工程"海龟"博士。一位出生在唐山。近年来,唐山钢铁发展很快,然而在低碳转型中也面临着很大的压力与契机。另一位出生在张家口。在北京-张家口冬奥会的东风下,张家口正在大力发展可再生能源和氢能源,从张家口到北京的世界上首个输送大规模风电、光伏、抽水蓄能等多种能源的四端柔性直流电网,未来将把张家口地区的清洁能源送往京津冀地区,助力2022年北京冬奥会在奥运史上首次实现全部场馆绿色电力全覆盖。

两位专家的第一次相识,是因为中国和丹麦的一个合作项目——"面向高比例弃风消纳的'风氢热储'综合能源网络研究",两人和另一位项目参与单位的代表在机场相遇。聊天后,三人发现大家的本科是同一所大学,今天竟为了中丹项目的伟大事业相聚在了一起。丹麦是风电国度,位于丹麦日德兰半岛西海岸的埃斯比约港,从古老渔村发展为石油重镇,后转型为风电之都。绵延十几千米的埃斯比约港形成了完整的海上风电产业链,为周边海域的海上风电项目提供安装运输、运维服务支持,欧洲每年70%—80%新生产的海上风机,从这个港口运往世界各地。江苏如东县是中国风电产业的主战场之一，正在全力打造东方的"埃斯比约港"，其首个风电项目的风机就来自丹麦公司。期待着三位校友能为中国、丹麦和全人类的新能源事业做出更大贡献。

在电影《中国合伙人》中，三个怀有热情和梦想的燕京大学年轻人从学生年代相遇、相识，后来共同创办英语培训学校，最终实现"中国式梦想"。有人评价："这个电影很好，但是这个电影有很大的问题，男主人公老哭。其实创业者是不哭的，是让别人哭。"在这个"新能源+"的时代里，创业者可以自己不哭，也不让别人哭，实现共享发展吗？

㉘ 幻 | "山水林田湖草沙" 的神秘智能

2017年10月，美国电影《全球风暴》上映，该片以发生在未来的全球性气象灾难为背景，讲述了各国联手开发气象卫星网络以控制灾害天气，但没料到被电脑病毒控制的卫星成为杀伤力巨大的攻击者，香港地陷、东京冰雹、孟买龙卷风、巴西冰封、迪拜海啸等灾难场景逐一出现，一场空前浩劫席卷世界。故事结束时，幕后黑手的作案动机引人深思：他如此破坏全世界，只是为了让美国重新回到1945年的荣光！著名科幻作家巴克斯特(Stephen Baxter)认为："科幻作品极少去预知明确的未来，而是通常描绘有关当下的紧张、焦虑与幻梦。科幻其实是对变化的回应。"

一

1815年的印度尼西亚坦博拉火山爆发,导致1816年成为没有夏天的一年。19岁的玛丽·戈德温(Mary Godwin)和24岁的爱人珀西·雪莱(Percy Bysshe Shelley)在瑞士与朋友一起休假,他们只能靠不停地讲鬼故事来打发无聊的时间。婚后,玛丽把其中的一个鬼故事写成小说《弗兰肯斯坦——现代普罗米修斯的故事》出版,这是全世界第一部真正意义上的科幻小说。雪莱最著名的诗句是"冬天来了,春天还会远吗",但他可能想不到,身边的玛丽竟然创造了一个"火山爆发了,科幻的春天还会远吗"的神话。

故事,从北极开始。在北极浮冰上,饥寒交迫、虚弱不堪的弗兰肯斯坦向北极探险者沃尔顿讲述了自己的故事。弗兰肯斯坦是个热衷于生命起源的生物学家,他用人体器官拼凑成一个"人",并通过电击使这个"人"获得了生命。与其说它是"人",还不如说它是个怪物。弗兰肯斯坦被这个怪物的狰狞面目吓得弃之而逃,怪物却紧追不舍地向弗兰肯斯坦索要女伴、温暖和友情,并引发了一系列诡异的悬疑和命案。当怪物在弗兰肯斯坦的新婚床上杀死了他心爱的新娘伊丽莎白后,弗兰肯斯坦发誓要报仇,并一路追踪怪物到北极,直至奄奄一息,被沃尔顿发现。沃尔顿意识到他未来旅程中潜伏着的巨大危险,便掉转航向,朝着南方温和的水域驶去。怪物在发现弗兰肯斯坦已死之后,也自焚而死。

其实,怪物并非一开始就铁石心肠。它在经历了很多悲惨遭遇之后,请求弗兰肯斯坦为它制造一个异性同类以伴余生,并保证它们将远离人类文明,去南美荒原安家落户。弗兰肯斯坦勉强答应了它的要求,却最终放弃了努力,因为他担心如果雌雄两个怪物繁衍出许多怪物,后果将不堪设想。

小说在1818年写成之后,广受读者喜爱。在戏剧舞台、影视荧屏上,这部作品更是备受青睐。19世纪20年代,上演了第一部舞台剧;1910年,爱迪生公司出品了第一部电影版,后来多次翻拍并上映了续集。直到2013年,在小说出版近200年之后,还有新的电影上映。

玛丽的父亲威廉·戈德温(William Godwin)是政治家、哲学家,母亲沃斯通克拉夫特(Mary Wollstonecraft)是女性主义运动的先驱、《女权辩护》一书的作者,家里常有不同领域人士出入,"谈笑有鸿儒,往来无白丁",他们谈论最多的就是科学技术在推动人类科技进步的同时,给人类带来的恐慌与毁灭。

今天,随着生物科技的进步,怪物的产生在理论上已经不再遥远;而北极的浮冰,也因为全球变暖,可能在若干年后不复存在。

二

进入20世纪以来,科幻作品开始走向大众化,科幻作家也成了明星,美国作家阿西莫夫(Isaac Asimov)就是其中之一。《人生舞台:阿西莫夫自传》一书"不再拘泥于时间顺序,而是沿着作者的思路,一个话题接着一个话题,将其家庭、童年、学校、成长、恋爱、婚姻、疾病、挫折、成就、至爱亲朋、

竞争对手,乃至他对写作、信仰、道德、友谊、战争、生死等诸
多重大问题的见解——娓娓道来。"

阿西莫夫才华横溢,一生出版了近500部著作,以至于
有人感叹,自己看书的速度都跟不上阿西莫夫写书的速度
了!透过阿西莫夫的回忆录,我们不难发现,他的成功经验
可以概括成三点:

一是广泛阅读、吃"杂粮"。阿西莫夫1920年出生于俄
罗斯,1923年随父母移民美国,很快遇到1929年的美国股市
大崩溃。在大萧条时期,父亲的糖果店使整个家庭免受风
暴的袭击,而阿西莫夫也因在店里长时间辛苦劳动,有幸阅
读了店里用来出售的书刊。由于学习能力强,父亲给他办
了张图书馆借阅卡,因此他如鱼得水,什么书都看,这种"吃
杂粮"为他后来科幻作品的创作打下了坚实的基础。阿西
莫夫后来骄傲地说,在某一专业领域,肯定有很多人都比他
强;但论知识的广博程度,那世上就只有一个阿西莫夫了!
针对美国后来图书馆基金的一再削减,阿西莫夫哀叹"美国
社会又找到了一条毁灭自己的途径"。同样,今天一些智能
化媒体根据读者的口味精准推送素材,虽获得了流量,但局
限了读者的视野,这一现象很值得高度警惕!

二是从历史中寻找灵感。阿西莫夫坦陈自己的"基地"
系列是受到英国历史学家吉本《罗马帝国衰亡史》的影响,
只是把对象改成了一个遥远的、缓慢衰落的银河帝国。阿
西莫夫对"基地"系列情有独钟,在最初的基地三部曲《基
地》(1951)、《基地与帝国》(1952)、《第二帝国》(1953)出版
几十年后,从1982年开始,又陆续创作了续集《基地边缘》

《基地与地球》和两部前传《基地前传》《迈向基地》。然而，有不少读者认为，"基地"系列重在创意，虽构思宏伟，但是阅读起来枯燥。这让我想起了阿西莫夫和英国科幻作家克拉克（Arthur Charles Clarke）之间的故事。有一年，一次空难后，一位幸存的乘客说在飞机冒险着陆时，他正神闲气定地阅读着克拉克的科幻小说。克拉克看到报道这个消息的报纸后，就把复印件寄给阿西莫夫，并附上一句留言："如果这位乘客那时候在看您老人家的大作，估计就会在睡梦中经历这一惊险时刻了！"

三是紧追时代的步伐。随着自动化的发展，机器人自然成为科幻作品的重要题材之一。阿西莫夫紧紧抓住这一机遇，在1950年的短篇小说集《我，机器人》中制定了机器人三定律，提出了人和机器人之间相互友好、和谐发展的理念。阿西莫夫早年在纽约哥伦比亚大学学过化学，"二战"期间去海军工作，服役结束后重操旧业时，他敏感地发现，随着量子力学的快速发展，他已经跟不上化学的最前沿、成为不了优秀的化学家了！同样，阿西莫夫后来在科幻创作领域如日中天的时候，也清醒地认识到，随着技术的进步，科幻又进入了一个新的时代。他曾谦虚地说，从1949年开始，他和英国作家克拉克、美国作家海因莱因（Robert Anson Heinlein）之所以被推崇为"世界科幻三巨头"，是因为当时的科幻作家比较少，才使他们三个能够脱颖而出，后来科幻作家多了，再从中出头就难了。每个时代都有自己的弄潮儿，及时把握技术最新发展动态也许就是弄潮儿的秘籍之一吧！

三

从玛丽笔下的凶残怪物,到阿西莫夫笔下的友好机器人,在科幻作品中,人类的未来,或者说人类和外星人之间的关系几乎一直处于这种非黑即白的两极状态。不过,并不是所有科幻作家都满足于这种状态,比如波兰作家莱姆(Stainslaw Lem)1961年创作出版的长篇科幻小说《索拉里斯星》,目前已经销售了上千万册。

小说以一个被神秘海洋覆盖的星球为背景,这个海洋是一个胶质构成的生命体,它能够进入人的大脑,将记忆深处最不为人知的部分,以具象的形式呈现在人眼前。在这片大海面前,任何人都毫无秘密可言,心灵深处的痛苦被袒露无遗。科学家们围绕这个不解之谜做出种种推测,却难以自圆其说。《索拉里斯星》把人类的知识和情感结合在一起,将人置于绝望的境地。小说中,心理学家凯尔文来到了索拉里斯星上面的太空站,竟然遇到了十年前去世的妻子哈瑞,他想把哈瑞带回地球,但是此时的哈瑞由中微子构成,一旦离开索拉里斯星,中微子结构就会解散。而当哈瑞发现自己不是真正的人而只是海洋的产品时,痛苦地用液氧自杀,却又活了过来……

那么,中微子究竟是什么呢?1956年,美国物理学家柯万(Clyde Cowan)和莱因斯(Frederich Reines)等第一次通过实验直接探测到了中微子。而从发现中微子,到《索拉里斯星》小说出版,也就短短5年时间,斯坦尼斯拉夫·莱姆是真会蹭最新的科技热点啊!

在中国传统文化中,"山水林田湖草沙"是一个生命共同体的理念,人的命脉在田,田的命脉在水,水的命脉在山,山的命脉在土,土的命脉在树和草。沙漠中有绿洲,沙漠也可以变为绿洲。由山川、林草、湖沼等组成的自然生态系统,存在着无数相互依存、紧密联系的有机链条,牵一发而动全身,这种理念和《索拉里斯星》不谋而合。

1828年,德国化学家维勒(Friedrich Wohler)人工合成尿素,打破了无机物和有机物的界限。有没有可能,随着全球变暖的加快,地球上的"山水林田湖草沙"在暗物质、暗能量的帮助下,与人类竞争,加速进化,从没有生命转化成索拉里斯星上的那种智能生命体?那时的山,可以自行调节地球上的温度,就像索拉里斯星上的海洋一样,能够自行调节两颗恒星之间的轨道……

伟大的科幻作品往往产生于科学、技术或哲学思想的巨大变动期。一个有趣的事实是,受火星地核影响,火星地表目前整体上几乎没有磁场。那么下一个伟大的科幻作品,会不会展现在人类的干预下,火星重启地核、重返青春活力呢?

哲学篇

尊

29 | *拿什么拯救你，*
德国天才？

18世纪中叶以来，德国的科学家、哲学家、艺术家创造了辉煌灿烂的成就，对人类文明产生了重大影响。在英国作家沃森(Peter Watson)看来，"美国人和英国人说的是英语，但他们很清楚自己在用德语思考"。沃森系统梳理了1750年德国音乐家巴赫(Johann Sebastian Bach)去世之后250多年的德国思想史，撰写了一套厚厚的《德国天才》，这套百科全书式的著作被誉为一封"写给日耳曼知识分子长达850页的情书"。然而歌德(Johann Wolfgang von Goethe)却说："每当想到德意志民族，我常感到痛苦，这个民族的个人都如此值得称颂，但作为整体如此令人神伤。"歌德为什么这么说？现代人应该拿什么来拯救这些德国天才，尤其是哲学天才呢？

一

在"一战"和"二战"中，德国扮演了不光彩的角色。其中，尼采（Friedrich Wilhelm Nietzsche）的"超人"理论被纳粹曲解利用。在哲学史上，康德（Immanuel Kant）、叔本华（Arthur Schopenhauer）和尼采一脉相承。康德首先提出：存在两个世界，一个是人类能够感知的，一个是人类不能感知的。叔本华进一步认为：这两个世界是可以打通的，比如，通过音乐。

德国音乐家瓦格纳（Richard Wagner）接受了叔本华的观点，认为艺术可以成为躲避世界的场所，成为直面本体世界的唯一方式，无法满足的渴望、向往和憧憬只有在最后的和弦中才能得到解脱。瓦格纳对原来从头到尾都是台词的歌剧进行了改革，有的地方刻意只留给音乐，他那充满不和谐音乐的歌剧《特里斯坦与伊索尔德》更是成为古典音乐的划时代巨作。

尼采又提出：另一个人类不能感知的世界是不存在的，我们体验的这个世界就是真实的世界，上帝已死！他还用超人取代了上帝。尼采也非常喜欢音乐，并将他的第一本书《悲剧的诞生》题献给了瓦格纳。两人关系一度非常亲密，但是由于种种原因，后来走向了决裂。不过，尼采在精神崩溃前，还曾经用钢琴演奏过瓦格纳的作品，尽管带着怨恨的情绪。

1900年，尼采去世。此前一年，奥地利心理学家弗洛伊德（Sigmund Frend）的《梦的解析》一书出版。

在"上帝已死"的背景下，弗洛伊德给人类开出了情欲的药方。然而,研究发现,弗洛伊德的很多药方就像药酒一样,从科学的角度看很难重复验证。于是,有人认为:弗洛伊德其实是在信仰缺失之下,通过情欲给人类一种心理安慰!本质上,这也是一种药酒!

尼采之后,海德格尔(Martin Heidegger)登上了德国哲学的舞台。1927年2月,他的《存在与时间》正式印行,被视为现代存在主义哲学的重要著作。今天,随着生命科学的发展,海德格尔更加引起了人们的重视。从技术的角度看,人类有可能在孩子出生之前,根据父母的意愿修改孩子的基因。于是,问题来了:人的"存在"价值在哪儿呢?

一代代德国天才,为人类的未来发展操碎了心!但是,在当今这个似乎大师匮乏的时代,可再生能源、免疫疗法却为人类的未来与尊严点燃了希望。人类,我们能行!

二

生活和生命是人类永恒的主题。能源是生活的基础,癌症是生命的克星。我把人类能源开发和癌症治疗手段的历史发展进行了对比,觉得很有意思。人类的能源开发是薪柴-化石能源-核电-可再生能源,而癌症治疗则是手术-化疗-放疗-免疫疗法。其中,化疗药品是从化石能源中提炼而成,放疗和核电都是核科技的应用成果,可再生能源是利用大自然中无处不在的风能、太阳能等资源,免疫疗法是激发人体自身的免疫能力,两者的共同特点都是充分发挥内生资源。

薪柴可以视为初级利用层次的可再生能源,而人类在

发现有效的癌症治疗方法之前,主要也是靠人体内本能的
免疫能力,可以视为免疫疗法的初级阶段。人类很早就使
用柴火、风车、水车,今天的可再生能源不仅利用了自古以
来就有的风、光、水、柴,更是利用了工业革命以来的文明成
果。比如,风力发电机组需要用到钢材,潮汐能的开发需要
用到水泥筑成的大坝,太阳能光热发电需要用到玻璃制成
的聚焦镜……很多时候,钢材、水泥、玻璃这些目前主要由
化石能源制造的原材料的价格决定了可再生能源在与化石
能源发电PK时的竞争力。据统计,目前在风能、太阳能、电
动汽车、储能等产业中,对金属材料的依赖都不低于10种,
如锂、镍、锰、铜、钴、铝、镉、铬、稼、锗、铟以及稀土等,因此
采矿技术对低碳产业的可持续发展至关重要。

根据《BP世界能源统计年鉴(2019版)》,在能源系统转
型中的关键矿产资源中,2018年全球钴产量15.81万吨,其
中刚果(金)11.17万吨;全球锂产量6.18万吨,前三名分别是
澳大利亚2.72万吨、智利1.6万吨、中国0.8万吨;全球天然
石墨产量89.56万吨,其中中国63万吨;全球稀土金属产量
16.67万吨,其中中国12万吨。可以看出,中国在这些关键
矿产资源的产量方面,整体上具有优势。

随着新能源规模的快速增加,产品回收也变得越发迫
切。丹麦风电巨头维斯塔斯公司提出2040年前实现零废弃
风机,目前该公司风机的平均可回收率约85%。为了解决
风机叶片复合材料的回收再利用难题,丹麦创新基金发起
了一个三年期项目DecomBlades,汇集了包括维斯塔斯、西
门子歌美飒、艾尔姆风能、南丹麦大学、丹麦技术大学在内

的十家企业与机构院校。DecomBlades项目将针对风机叶片复合材料的回收再利用解决方案展开研究和开发，并聚焦三项流程工艺：风机叶片粉碎，使材料可以在其他产品和工艺中重复使用；将粉碎的叶片材料用于水泥生产；对复合材料在高温下进行热解。项目旨在通过可持续、可规模化并具有成本效益的复合材料回收再利用解决方案，支持风能及其他相关制造业向循环经济过渡。

同样，癌症治疗的免疫疗法目前也并没有包打天下，仍然需要依靠手术-化疗-放疗的治疗成果。就像我的一位"九〇后"朋友的微信签名档所说的："人生没有白走的路，每一步都算数。"

自2000年开始，德国加速推进能源转型。2010年到2012年是德国光伏高速发展时期，每年装机在750万千瓦左右。由于补贴规模远超规划，财政负担沉重，德国不得不从2013年开始严格控制光伏建设规模。2015年到2017年，德国年度光伏装机规模平均为150万千瓦，仅为高峰期的1/5。短短几年内，德国主要光伏企业纷纷破产。2017年，德国最大光伏企业Solarworld公司也未能幸免，宣布破产。能源转型，任重道远。

2018年6月，中国国家药品监督管理局正式批准免疫肿瘤治疗药物欧狄沃™（Opdivo®）上市，用于治疗非小细胞肺癌，拉开了中国肿瘤免疫治疗时代的帷幕。在此背景下，清华大学与德国制药企业勃林格殷格翰（Boehringer Ingel-heim）开展战略合作，建立感染性疾病免疫治疗联合研究中心，合作研发针对难治型传染病的新型免疫感染疗法，将免疫调节机制应用于感染性疾病的治疗。勃林格殷格翰在肿瘤方面的研究历史悠久,在免疫肿瘤领域已经有了很多项目,上市了优秀的抗肿瘤药物。这项合作将结合清华大学在感染性疾病与免疫研究领域的专业领先性与勃林格殷格翰在自体免疫疾病和肿瘤免疫领域的综合研发经验,并借鉴其在创新疗法开发上的丰富经验,致力于满足患者医疗需求。

三

内生力量并不局限在能源和医药,一个国家的经济发展同样如此。1986年,时任欧洲市场营销研究院院长的西蒙(Hermann Simon)在杜塞尔多夫巧遇哈佛商学院教授列维特(Sidor Levit),后者问他:"有没有考虑过为什么联邦德国的经济总量不过是美国的1/4,出口额却雄踞世界第一?哪些企业对此所做的贡献最大?"西蒙开始认真思考这一课题。他很快就排除了像西门子、戴姆勒-奔驰之类的巨头,因为它们和国际级竞争对手相比并没有什么特别的优势。在对德国400多家卓越中小企业的研究中,西蒙创造性地提出"隐形冠军"(Hidden Champion)的概念,后来写成《隐形冠军》一书,畅销全世界。

在西蒙看来,隐形冠军的标准是:该企业所经营产品或服务的市场份额不低于世界市场排名前三或者某大洲第一;年产值在20亿欧元左右;鲜为大众所知。

西蒙收集了全世界3000家隐形冠军公司的数据,其中德国共拥有1307家隐形冠军,是数量最多的国家。

　　以瑞凯威控股公司（RECARO Group）为例。该公司成立于1906年，100多年就专注于一件事——造座椅。从汽车座椅，飞机、高铁座椅，延伸到公共座椅和儿童座椅。他们的座椅从生理学、工程学、美学等多个维度，最大限度满足各个领域的需求。有趣的是，2008年全球金融危机之后，瑞凯威通过将飞机座椅减轻30%，满足了航空公司降低飞机重量与燃油成本的需求，销量逆势飞扬。

　　2017年12月，在德国慕尼黑，郑州煤矿机械集团以5.45亿欧元收购德国博世电机业务。郑州煤矿机械集团前身为郑州煤矿机械厂，始建于1958年，是国家"一五"计划重点项目，诞生过中国第一台煤矿液压支架，是中国煤机设备的领军企业，面临着转型升级的压力。德国博世集团是全球第一大汽车技术供应商，电机业务约占全球市场的17%，拥有汽车行业的顶级客户，但在全球产业转移的大背景下，其电机业务的性价比优势逐步削弱。中国市场加德国技术，会产生什么样的聚变效应呢？在企业重组中，中国文化和德国哲学又会产生什么样的碰撞与融合？让我们拭目以待。

③⓪ 福 | SISU：

芬兰人的幸福密码

　　2017 年，在圣彼得堡的一座电影院里，观众全体起立，为刚刚看完的芬兰经典电影《无名战士》鼓掌。这部电影改编自同名畅销小说，此次借芬兰独立 100 周年之机再次翻拍。影片讲述了 1940 年苏联和芬兰的冬季战争结束后，芬兰被迫割让 1/10 的国土；"二战"期间，在德国支持下，一支芬兰小分队乘机夺回冬季战争中失去的土地，后来又被迫撤回国内。电影最后的字幕显示了芬兰人的荣耀：在所有参战国中，芬兰是欧洲大陆唯一没有被外国军队侵占的国家。生活是如此美好，战争是如此残酷，也许，这就是圣彼得堡人民跨越敌我立场，为这部反战片鼓掌的原因吧！

一

电影《无名战士》中，一个老兵两次立下战功，获得的奖赏是战争期间短期回家休假，一次是7天，一次是14天，然后重返战场。回家路上的森林、湖泊、田园，展示了芬兰人和大自然融为一体的幸福。今天的芬兰人，更是如此。

大自然的网红

你印象中的网红是什么样子的？芬兰青年摄影师庞卡（Konsta Punkka）可能会颠覆你对这个词的认识。

性格内向的康斯塔在社交媒体上的粉丝已经过百万，而他成为网红的契机竟然是野生动物摄影。

"大自然是我生活中最重要的一环，我的工作和业余生活都在其中，我希望展示出人与自然之间的纽带，人人都能走近自然——至少在芬兰可以。对我来说，投入自然的怀抱是唯一的生存方式。"

摄影是庞卡从小的爱好，而如今，动物摄影已经成为他的职业。在《国家地理》杂志向他抛出橄榄枝之后，庞卡有机会环游世界开展工作，但他最爱的地方还是芬兰。

芬兰是世界上拍摄野生动物的最佳地点之一。人们根本不需要跑去荒山野岭，因为即使在赫尔辛基这样的繁华都市，野生动物的身影也随处可见。如：市中心港口有海鸥、野鸭、大雁、天鹅，芬兰堡岛和伴侣岛等游客密集的旅游景点，常有松鼠、野兔等小动物相伴游客左右，如果住在郊区，下班的路上偶遇身高两米的野生驼鹿也是有可能的。

点石成金的白桦树

芬兰的森林覆盖率高达75%，这一比率是欧洲各国中最高的。每一个芬兰公民都有权利在森林中采摘野果和菌类,他们还可以用合理的价格购买属于自己的一片森林,并且有权自由砍伐林中的木材为自家房屋取暖或者加热桑拿。当然,他们同时也有义务栽植新树苗,合理利用和可持续发展是全民努力的方向。

如果你在春天走进芬兰的森林,就会看到白桦树上插着一根根小小的塑料管,那是芬兰人在搜集白桦树汁。

白桦树汁富含矿物质和维生素,它除了是略带甜味的天然饮品之外,还被运用在美容护肤领域。芬兰国民品牌优姿婷(Lumene)就在其产品中加入了有机白桦树汁,从而达到完美的保湿效果。

大家熟悉的木糖醇是从白桦树皮中提取出来的。20世纪70年代,芬兰图尔库大学发现木糖醇可以预防龋齿,从此木糖醇这种天然甜味剂开始被广泛使用。

芬兰人还将白桦树运用到了让人意想不到的领域。芬兰阿尔托大学开发出了一种利用木材制造纺织纤维的方法,芬兰总统夫人豪吉欧(Jenni Haukio)就曾在独立日庆典中身着一袭桦树纤维制造的白色礼服。

桑拿房里的重大决定

在芬兰,全国有300多万个桑拿房。传统的桑拿房从里到外都是木质结构,采用燃烧木材的方式加热,这样产生的蒸汽相对柔和舒适,又有足够的热力。和家人朋友一起亲手砍柴生火,边聊天边等待蒸汽上升,再一起烤香肠补充体力和随着汗水流逝的盐分,享受自己的劳动成果是传统桑拿最大的魅力。

蒸桑拿的时候，芬兰人会用白桦树枝扎成的浴拂互相拍打身体，动作看起来有点野蛮，但这种做法不但能促进体内血液循环、加速新陈代谢，还可以散发清新芳香的气味。

共享桑拿是芬兰人对客人的礼遇，大家一起蒸桑拿可以联络感情。在芬兰，很多重大决定都是在桑拿房里商定的，而不是在会议室里。

炫目的彩色灯光、浓烈的香薰和充满异域风情的音乐都和芬兰桑拿无关，真正的芬兰桑拿只有幽暗的光线、新鲜白桦枝和天然木焦油散发的香气。

奢侈的仲夏节假期

一位从事演出运营的朋友曾向我抱怨："我们邀请了一个芬兰乐队来中国巡演，可现在乐队经纪人联系不上了，邮件不回，电话也不接。下个月演出就要开始了，这可怎么办？"

我开始也觉得纳闷，因为芬兰人不会在工作上这么不靠谱。我们分析了五花八门的原因，最后我突然想到："现在是仲夏节假期！芬兰人在假期是不回复工作邮件的。"

"您拨打的机主正在钓鱼……"跟芬兰人合作的时候要做好这种心理准备。

芬兰的上班族从工作的第二年开始，每年会获得整整四周的带薪暑假。仲夏节前后，天气温暖，日照充足，芬兰人会怎样度过这样奢侈的长假呢？

首选当然是投身湖边度假屋！芬兰虽然被称为千湖之国，但实际湖泊数量超过18万个，在全国的森林湖畔分布着超过50万座度假别墅，芬兰人称之为夏屋。

夏天来了,芬兰人把城市留给游客,自己则携家带口、呼朋唤友地驱车来到夏屋。他们亲手修缮房屋,劈柴生火,划船钓鱼,在清净的湖水里畅快游泳,在岸边的烧烤亭中大快朵颐。他们远离工作与网络,大家围坐在一起听收音机、填字谜、弹琴唱歌,在大自然的怀抱中怡然自得地享受短暂而美好的北国夏日时光。

二

美好的时光总是短暂的,《无名战士》中的老兵第二次休假时,他的一个孩子问:"爸爸,能不去战场吗?"另一个孩子还学起了萌萌的猪叫。然而,这一切都不能挽留老兵重返战场的步伐。战场和家是如此之近,不去战场战斗,家,就很快会变成战场。

在芬兰调研时,明媚的阳光、清澈的河水、一望无际的平原,让我想起了费翔的那首歌——《故乡的云》,那是一种回家的感觉。我的家乡在江苏省里下河地区,那里河流密布,是鱼米之乡,和芬兰非常相似。

让我感触最深的,是芬兰人的包容与坚韧。我参观了首都赫尔辛基外海海岛上的芬兰"海上长城",这个建在一串海岛上的防御工事被称为"芬兰堡",是联合国认定的世界遗产。

朋友告诉我,芬兰堡上有一个海军基地、一座监狱,还生活着若干艺术家,因为岛上的房屋都是公家的,只有艺术家才有资格申请。这里的犯人罪行较轻,每天参加一些劳动就可以了,不久就可以回家。海军军人、监狱犯人和艺术家,在芬兰堡上和谐相处。

犹如万里长城无法挡住游牧民族的进攻一样,"海上长城"修建时,芬兰还是瑞典的一部分,但是依然挡不住俄罗斯帝国的炮火。1808年,在5个月没有援兵的情况下,守卫芬兰堡的7000多名瑞典士兵在指挥官的带领下向俄国缴械投降,这是瑞典的国旗最后一次飘扬在"海上长城"芬兰堡上。1809年,瑞典正式将整个芬兰割让给俄国,芬兰的首府也从靠近瑞典的图尔库,迁到了更接近俄国的赫尔辛基。

1917年,俄国爆发了十月革命,芬兰借着这个机会宣布独立。1918年,芬兰白军和红军发生内战,电影《四月的泪》展示了战争的残酷与未来的希望。

在芬兰国家博物馆,我看到了外面玻璃上的弹孔,这是内战留下的记忆。芬兰人一直把它保留下来,也有自己的用意吧!

1938年,苏芬冬季战争爆发。芬兰人在战争初期,以少胜多,给苏军造成很大伤亡,让世界对芬兰刮目相看,也让芬兰的民族精神SISU名扬天下。SISU是芬兰词汇,在英语中没有对应的词。在一位长期居住在丹麦的英国作家布斯(Michael Booth)看来,SISU"是那种坚毅、刚强的男子气概,这是一种被芬兰人珍视、让瑞典人嫉妒的精神。SISU这个词给人一种沉静、坚定的力量感,一种可靠感;它指的是能够在面对不可战胜的逆境时,表现出毫不动摇的决心;愿意的话,你可以说,这是一种主动出击的坚忍顽强。如果一辆公共汽车半路坏了,SISU精神要求所有乘客下车,合力把它推动,不发一句怨言。SISU是芬兰男性渴望拥有的品质,是芬兰国民性的深层特征和牢固基础。"今天,已有累计超过4万名芬兰人参加联合国维和行动,在全球诠释着SISU精神。

"二战"结束后,尽管国家得以保持独立,但芬兰还是向苏联进行了割地赔款,并不得不通过高强度砍伐森林来偿还债务,由此带来的生态破坏很快引起了芬兰人的警觉,人们开始注意环境保护,同时更加注意发展教育和高科技。今天,芬兰的青少年教育水平全球闻名,芬兰的职业教育也可圈可点,即使是一名铲雪工程师也需要培训三年。

芬兰有很多人性化的做法。一位去芬兰废弃金属矿井调研的煤炭专家说,芬兰人在矿井快要关闭前,会对每个工人的工作去向都进行精心的安排。

于是,芬兰连续三年被评为"全球最幸福的国家"。

三

提到北欧风格,大多数人会脱口而出"简约"两个字,但在我理解,北欧风格的精髓是人与自然的紧密结合。

灵感来源于大自然,原料取材于大自然,使用者仿佛置身于大自然。在设计和制作的过程中尽可能保有材料本身的形态属性,顺其自然,不过度人工干涉。就像斯堪的纳维亚美食,简单、拙朴、原味、新鲜。

芬兰设计大师阿尔托(Alvar Aalto)曾经说过:"形式必须有内容,而内容必须与大自然相关联。"一代又一代的芬兰设计师秉承了他的理念,把芬兰这个小国家推向了国际设计领域的最前沿。

大自然不只是给芬兰带来艺术的灵感和美食的享受，还给芬兰带来了造纸、木材加工等相关支柱产业。诺基亚在手机业务名扬天下之前，最初就是从木材加工厂起家的。在芬兰机场，我遇到一位中国大叔，他女儿曾经在芬兰诺基亚工作，但和他女儿在一起的许多中国留学生都是学林业的。芬兰造纸业很注意环境保护，通过大量做公益活动，和周围的老百姓关系很和谐。据说，在距离芬兰一家造纸厂不远的地方，有全球最清洁的空气。

造纸业是高耗能产业，芬兰公司充分发掘了造纸过程中所产生的一系列能源原料。在纸浆的生产过程中，会产生一种叫黑液的废弃物，工作人员会将其收集起来蒸发形成固态，然后和树皮等废弃有机物一起，作为生物燃料，供应造纸厂的自备电厂。

由于重工业耗能大，且部分国土处于北极圈内，多年来，芬兰人均用电量在欧盟中排名第一。芬兰没有什么化石能源资源，众多的湖泊也没有落差，无法像瑞典、挪威那样大规模发展水电。芬兰能源采用多条腿走路方针，并积极发展核电，目前已经建成了4台核电机组，装机容量达270万千瓦，每年发电量均在装机容量85%以上，是苏联切尔诺贝利核电站泄漏事故之后欧洲第一个发展核电的国家。芬兰高度重视核废料处理，目前已经完成了乏燃料地质处置设施的建设和试运营，而几乎同时规划的美国内华达州尤卡山核废料地质处置项目，却在投入若干亿美元之后，其运营迄今依然遥遥无期。

为了增加能源供应，同时积极应对气候变化，2005年芬兰开工建设了第5台核电机组,它是世界上首个采用阿海珐/西门子的欧洲先进压水反应堆(EPR)第三代技术的核电机组,最初预计2010年竣工。但由于电站建设过程中遇到各种技术、安全、监管、人力等问题,竣工时间一拖再拖,造价已经从最初的30亿欧元提升到80亿欧元。而采用同种核电堆型的中国广东台山核电站历经多次延期之后,已经建成投产。台山核电站由中法合资,目前,中方业主中广核已派出工程师支持芬兰核电建设。期待芬兰EPR核电机组早日建成投产,在提供低碳能源的同时,为人类奉献一座具有北欧风格的当代工业艺术品。

在芬兰,朋友说,如果你是一个普通人,国家会让你过得舒服;如果你有远大梦想,国家也会帮助你实现。无论"他"还是"她",人称代词都是hän。机会均等,理解包容,人人平等,无关性别,这是芬兰的核心价值观。2020年3月8日,芬兰女总理——34岁的马林(Sanna Marin)发了张联合执政的五个政党党首的合影照,她们都是女性,其中四位年龄不满35岁,因此被戏称为"口红政府"。之前,马林总理在达沃斯接受《时代》杂志采访时说:"我们芬兰人有桑拿房。传统上,桑拿房是我们做决定的地方。因此,既然现在有五名女士掌管政府,我们就可以一起去桑拿房做决定了。"在应对新冠肺炎时,芬兰政府发挥设计强国优势,邀请一批艺

术家设计口罩,并请不同的明星戴上口罩,把戴口罩打造成
一件很酷的事儿。在低碳转型中,芬兰人又会有什么新的
创意,将"暖战"打造成一件很酷的事儿呢?

㉛ **变** | 人类第三次
走出非洲

"此刻,正是非洲的旱季。炎热的阳光、干涸的水源给生活在草原上的各种动物带来了极大的困难。"小时候,《动物世界》中赵忠祥充满磁性的声音、拟人化的解说词,给当年的中国人留下了深刻印象。在这个节目的带动下,很多人后来前往非洲,感受激情,体验生活。在2020年的一次网上读书会上,一位专家分享了她对非洲文明的看法,并提到人类曾两次走出非洲。到了讨论交流阶段,我向专家和自己提出了一个问题:"人类,什么时候第三次走出非洲?"

一

1976年,考古学家在坦桑尼亚的火山灰化石上发现了两个类似人类的脚印,这些脚印距今已有360万年;两年后,又发现了两组并排的脚印,这是猿人站立的最早证据。考古学家就像当年登上月球的阿姆斯特朗,情不自禁地赞叹:"这是早期猿人的一小步,却是人类历史的一大步。"猿人为什么要站起来呢? 科学家分析,气候变化可能是第一推动力。在距今500万到400万年前,从茂盛的森林到稀疏的林地和热带草原的变化,促使它们迈出了向人类进化最重要的一步。

然而,尽管人类起源于非洲,但非洲经济整体上一直不太理想。

1985年7月13日,为了给由于内战与连年干旱爆发大饥荒的埃塞俄比亚筹集资金,一场名为"拯救生命"的大型摇滚乐演唱会在英国伦敦和美国费城同时举行。演出的LOGO,是非洲地图和一把吉他的组合。

演出通过全球通信卫星网络向140多个国家播出了实况,估计吸引了近15亿的电视观众。全世界100多位著名摇滚乐歌星参加了这次义演。第一个上场的,是英国传奇摇滚乐队"现状"(Status Quo),他们的歌曲是《让世界摇滚起来》(Rock in' All Over The World):

> oh,我们驻足此处,从此开始
>
> 全员都齐,摇滚之路
>
> 从此开始
>
> 让世界摇滚起来!

....

该乐队成立于1976年，当时正在闹分手危机，是这次"拯救生命"的摇滚狂欢让他们又走在了一起。

最后压轴的歌手，是全世界民谣乐迷心中的偶像鲍勃·迪伦。他挎着吉他、架着口琴，唱起那首经典的歌《答案在风中飘》（*Blow in the wind*）：

　　一个男人要走多少路

　　才能称得上男子汉？

　　一只白鸽要飞越多少片海

　　才能安歇在沙滩上？

....

最后，当天参加演出的费城场全部歌星和伴唱的所有小演员一起上台，齐唱了《四海一家》。

有趣的是，一位英国歌手，同时出席了跨越大西洋的两场演出。他在伦敦唱完之后，乘坐比波音747快一倍以上的协和式飞机，三小时后，就从伦敦飞到5600千米外的纽约，然后乘坐直升机从纽约飞往费城，继续演唱。

这次演唱会，最终为非洲国家筹集了5000多万美元，其中有一半捐款来自美国，而单笔最大的捐款则来自67岁的阿联酋总统，他看了演唱会之后，激动地捐赠了100万英镑。

同样在1985年，一个29岁的埃塞俄比亚年轻人正在北京大学国际政治系攻读硕士学位。1991年，他获得北京大学博士学位；2013年，他当选为埃塞俄比亚总统。通过建立经济特区、工业园，创造局部有利的投资环境，埃塞俄比亚的外商直接投资从2012年的1亿美元增加到2017年的4.2

亿美元,工业产值翻了两番,年均 GDP 增长高达9.7%,成为非洲乃至全世界在同一时期增长最快的国家。

其实,在"暖战"时代,非洲在经济发展上有许多得天独厚的优势。

二

2017年,在北京举行的一次国际能源论坛上,丹麦维斯塔斯风机厂商的一个视频给我留下了深刻的印象。维斯塔斯风机厂给肯尼亚的图尔卡纳湖风电场提供了365台风机,一天一台,一年完成,这些风机都来自天津的维斯塔斯工厂。维斯塔斯厂商豪迈地写道:维斯塔斯,因风而能!

图尔卡纳湖风电项目投资达6.25亿欧元,涉及10余家欧洲和非洲的开发性金融机构、2家商业银行、2家对冲基金、5家主要承包商和3国政府。该风电场是非洲最大的风电场之一,装机容量31万千瓦,占肯尼亚全国电力总装机容量的15%。由于平均风速高达11.3米/秒,其发电成本是当地火电项目的一半。但是,风电场地处东非大裂谷,位置偏远,从港口出发的运输距离达1200千米,而且道路等基础设施不完善,大件运输困难。

2016年,图尔卡纳湖风电场的风机安装完成,然而,电站送出工程的原承包商——一家西班牙公司却因为破产退出,致使肯尼亚罗扬加拉尼—苏斯瓦400千伏输电线路工程进度严重拖期。据报道,因无法实现送电,肯尼亚政府已累计向图尔卡纳湖风电场业主支付了约5700万美元的补偿金。在规定时间到达后,如还不能送电,风电场业主将对肯尼亚输变电公司索取每月约700万美元的待机费。

在此背景下,2017年年底,肯尼亚输变电公司重新组织输电线路招标,由中国电建贵州公司和南瑞集团组成的联合体中标。在中国建设者的努力下,这条长约433.96千米的线路,仅用三个月时间就全部架设完成。架设期间,项目组高度重视生态环境保护,重点关注狮子、豹、大象、狼、狒狒等野生动物。在铁塔基础施工过程中,尽量采用小爆破或无爆破施工,避免惊吓野生动物;项目部产生的生活废水、生活垃圾、施工废弃物等也进行密封处理,防止对动物造成伤害。在施工过程中,肯尼亚劳务人员与中国施工班组混编为12个施工班组,不分彼此、紧密配合。在即将完工时,肯尼亚能源部长乘直升机视察即将完工的工程整体情况后,对工程建设表示非常满意。

2018年9月,肯尼亚400千伏输电线路工程双回全线带电成功!图尔卡纳湖的365台风机具备了送电条件,可以"因风而能"了!

随着全球电动汽车的不断普及,钴在电动汽车锂电池原材料中得到了广泛应用。非洲丰富的资源优势得以显现。2018年,刚果(金)钴矿产量为11.17万吨,全球占比达70.65%。从整体看,在钴矿的产量供给上,刚果(金)一骑绝尘。

不过,现在特斯拉等电动汽车厂商也开始力推无钴电池。非洲,还需要构建自己真正的核心竞争力。

三

1985年,电影《走出非洲》讲述了女主角为了得到一个男爵夫人的称号,从丹麦远嫁肯尼亚,在那儿和一个英国探险家产生感情,最后两手空空地离开非洲。一位影评人评论:"女主角带着幻想到来,带着破灭离去。她把她的爱情、她的农场、她的梦想,全部留在了非洲,然后再把她的非洲藏进心底的最深处。能从这样的命运中走出来的女人,还有什么样的苦难不能越过呢?"

这部电影改编自丹麦女作家卡伦·布里克森(Kren Blixen)的同名自传体小说。1885年,卡伦出生于丹麦,卡伦的妈妈来自富有的商人家庭,爸爸是一名军官和作家,他一生都在坚持写作,著有回忆录作品《狩猎信》。卡伦14岁便开始与姐妹们一同到瑞士、巴黎、伦敦和罗马等地游学,1902—1906年分别到哥本哈根和丹麦皇家美术学院学习艺术。1914年,她与丈夫在非洲举行婚礼,成了男爵夫人,并开始经营在非洲的农场。然而好景不长,丈夫很快就离家了,他不仅出轨,还让卡伦染上了梅毒。1918年,卡伦邂逅了一位英国军官,开始了婚外情,然而他只会在两段旅途之间短暂地回到她的农场,最后当他们决定共度余生时,他却殒命于飞行事故。1931年,适逢农场倒闭和他离世,卡伦最终离开非洲,回到丹麦,继续其作家生涯。1985年,为纪念卡伦·布里克森的百岁诞辰,一颗小行星被命名为"3318布里克森"。我想,今天在非洲开发风电的丹麦人,可能也多少了解一点卡伦的作品或者由其改编的电影吧!

著名硬汉作家、20世纪美国精神的缔造者之一——海明威(Ernest Hemingway),是卡伦的超级粉丝。在接受1954年诺贝尔文学奖时,海明威说,如果卡伦获得诺贝尔文学奖,他会更加高兴。1933年秋天,海明威随一队狩猎的旅行队来到非洲,而他的导游,就是卡伦留在非洲的前夫,当时有名的白人猎手布里克森(Bror Blixen)男爵。

后来,海明威根据在非洲的见闻和印象,在1935年出版了《乞力马扎罗的雪》等小说。其中,《乞力马扎罗的雪》讲述了一个作家去非洲狩猎,途中汽车抛锚,皮肤被刺划破,染上坏疽病。在等待飞机接其救治过程中,他回忆了自己的情感生活以及从事不同职业的经历。故事的结尾,他死于一个梦境:他乘着飞机,向非洲最高峰——乞力马扎罗的山顶飞去。

在狂野非洲中,另一个飞行失事的是埃隆·马斯克的外祖父。马斯克坦率承认,他非同寻常的冒险性格直接来源于外祖父。外祖父不仅是一位著名的脊柱病治疗专家,同时也是一名疯狂的探险家。1950年,他带着自己的妻子和4个孩子(其中一个是马斯克的母亲)从加拿大迁往南非。1954年,这对夫妻飞行3万英里,成为唯一驾驶单引擎飞机从非洲飞到澳大利亚的私人飞行员。他们还在非洲丛林中进行了16次冒险之旅,既有品尝自己猎物的小鹿晚餐,也有营地遭遇狮子的惊险场景。后来,72岁的外祖父在驾驶飞机着陆时不幸身亡,这一年,马斯克才三个月。但是,外祖父狂野非洲的故事,深深地刻在马斯克的基因里,马斯克把自己的火箭命名为"猎鹰",也许就是狂野非洲留给他的烙印吧。鲜为人知的是,外祖父出生在美国明尼苏达州。原来,南非小子马斯克前往美国发展,其实只是回家,回到外祖父的故乡。创业,就像在非洲大陆飞行一样,既可以欣赏大美景色,也可能遭到失事风险。但是,有些人,他们的基因里就刻着自由、冒险与奋斗。

2009年2月至2012年12月,一名新华社记者致力于从非洲人的视角报道非洲,足迹遍及十几个非洲国家。他曾乘火车走完坦赞铁路、蒙内铁路、亚吉铁路全程,曾深入苏丹达尔富尔、南非祖鲁村、肯尼亚达达布难民营采访。他感叹道:"非洲从不会辜负每一位怀揣梦想、不畏艰险的来访者。在非洲近4年,从撒哈拉沙漠到好望角,我一次次搜索自己的出差目的地,一次次奔赴未知的新闻现场,一次次用脚丈量非洲大地,一次次与朴实的非洲人民聊天。在非洲走过的那些路、见到的那些人、经历的那些事,早已装满行囊。我知道,非洲从此将永远与我相伴。"

我想,这可能就是人类第三次走出非洲的方式吧。带着现代科技走进非洲,到狂野非洲及时进行精神充电,再走出非洲,造福全人类。

㉜融 | 文明使者：
北大西洋暖流的最后一滴眼泪

在新疆，有一座"伊犁林则徐纪念馆"。当年，鸦片战争失败后，香港被割占，林则徐被发配到新疆伊犁。伊犁得名于伊犁河，素有"塞外江南"美誉。在以八百里风景长廊著称的伊犁河谷中，不仅有紫色的薰衣草花海，还有被誉为大西洋最后一滴眼泪的赛里木湖。原来，北大西洋的暖湿气流，一路跨越千山万水，深入遥远的天山山脉，在伊犁河谷停了下来。林则徐在伊犁大修水利工程，也许，永远蔚蓝晶莹的赛里木湖，曾经抚慰过这位民族英雄受伤的心灵吧！

一

了解新疆,先要了解河西走廊。

河西走廊地处中国甘肃省,因位于黄河之西形似走廊而得名,东西长约1200千米,宽数千米到近百千米不等,南北沟通着祁连山脉和蒙古高原,东西连接着黄土高原与塔里木盆地。2015年,纪录片《河西走廊》在中央电视台上映,其主题曲《河西走廊之梦》由希腊音乐大师雅尼(Yanni Chrysomallis)作曲,苍凉悠远、雄浑古朴,充满空灵色彩,突出了河西走廊与华夏文明绵长厚重的历史感。

《河西走廊》全片跨越两汉、三国、魏晋、隋、唐、元、明、清、民国和新中国,系统梳理了河西走廊甚至整个中国西部的历史。公元前138年,匈奴对汉朝的包围袭扰迫使汉武帝派遣张骞穿越河西走廊,去往西域寻求军事同盟。公元前121年,年仅19岁的霍去病率领汉朝骑兵三次出击匈奴,全线打通了河西走廊并使它自此并入汉朝版图。

河西走廊,不仅见证了民族融合,也是丝绸之路的重要组成部分。从汉朝开始,中华帝国和罗马帝国在这里传递着贸易与友谊。公元609年,隋炀帝西征河西走廊的吐谷浑,随后在张掖举行了外交与商贸盟会,连接中原与西方世界的丝绸之路再度畅通。盛唐是丝绸之路最繁荣的时期,从长安来到敦煌的工匠,将长安艺术带到这里,使之成为敦煌艺术最辉煌的年代。敦煌的西边,就是新疆漫无边际的大沙漠,这里,迫切需要艺术的祝福、心灵的抚慰。

进入21世纪,河西走廊从古丝绸之路演变为中国的一条新能源长廊。2008年8月,甘肃酒泉千万千瓦级风电基地建设全面启动,标志着中国正式步入打造"风电三峡"工程阶段,这是中国西部大开发的又一标志性工程。位于甘肃省河西走廊西端的酒泉市是中国风能资源丰富的地区之一,境内的瓜州县被称为"世界风库",玉门市被称为"风口"。据气象部门风能评估结果显示,酒泉风能资源总储量为1.5亿千瓦,可开发量4000万千瓦以上。今日酒泉,一排排银白色的风力发电机在碧蓝色天空的映衬下,蔚为壮观,分外醒目。

二

2013年秋,习近平主席西行哈萨克斯坦、南下印度尼西亚,先后提出建设"丝绸之路经济带"和"21世纪海上丝绸之路"重大倡议,我国新疆和中亚国家的天然气,则成为联系"一带一路"沿线国家、地区的低碳能源。

1963年,中国建成大庆油田,不少地质学家提出,最有可能发现大油田的地方是新疆的塔里木盆地。当时,人们对塔里木寄予了很大的希望,甚至有人乐观地认为,中国"又发现了一个沙特"。因此,当时在全国调集了2万多名石油工人去搞塔里木石油大会战。多年的勘探开发确实带来了一些发现,但和原来的期望值差得较远。

不过,在钻探过程中有不少伴生气冒了出来。由于当时的目标主要是开采石油,对于天然气既没有采集和回注装置,也没有管网建设,因此只能放空点火烧掉。不少去过塔里木参观的人,看到沙漠里"点天灯"的现象,都觉得颇为可惜。

20世纪80年代末和90年代初,中石油有人提议将这些天然气收集起来,通过管道外送。有人说可以在地图上画一条直线,将天然气从新疆送到上海。后来,这事儿还真的就成了!

2000年2月,国务院批准启动"西气东输"工程。西气东输一线工程开工于2002年,竣工于2004年,管道全长约4200千米,年输气量120亿立方米,投资规模达到1400多亿元。工程起于新疆轮台县轮南镇,途经新疆、甘肃、宁夏、陕西、山西、河南、安徽、江苏、上海及浙江10省(区、市)66个县,穿越戈壁、荒漠、高原、山区、平原、水网等各种地形地貌和多种气候环境。后来,西气东输二线工程和三线工程陆续开工建设,二线工程的天然气来源以中国新疆为主,中亚国家为补充,目标市场延伸到更加遥远的珠江三角洲;三线工程的天然气来源主要是中亚国家,国内塔里木盆地增产气和新疆煤制气作为补充气源。中亚地区的天然气资源主要集中在土库曼斯坦,探明可采储量为19.5万亿立方米,居全球第四。

新疆具有丰富的煤炭、石油、天然气等化石能源,也拥有优越的风能、太阳能。在这片土地上,还产生了两个全球风电巨头携手成长的佳话。1986年,丹麦维斯塔斯公司用3台风电机组在山东荣成开启了中国风电市场。当时,风能资源丰富的新疆,也正谋划在达坂城建设亚洲最大的风电场。维斯塔斯中国区销售经理得知信息后,积极帮助达坂城风电场获得丹麦政府320万美元的全额赠款。1989年10月,建成总装机为2050千瓦的新疆达坂城风电场,成为当时中国乃至亚洲规模最大的风电场。当时,陆上风电单位造价成本超过17 000元,单位千瓦设备成本达9000元,成本很高。1999年,在新疆达坂城一个破败不堪的小厂房里,曾经的达坂城风电场场长和他的同事们自主研发生产的第一台国产风机S600,通过国家鉴定验收。两年后,脱胎于达坂城风电场的金风科技正式成立。

今天,维斯塔斯公司和金风科技公司的风机,产量名列全球前两位,为中国本土、"一带一路",乃至全球主要市场,提供了源源不断的风能。

三

在中国地理上,有一条著名的400毫米等降水量线:大兴安岭—张家口—兰州—拉萨—喜马拉雅山脉东南段一线,是中国的半湿润和半干旱区的分界线,同时也是森林植被与草原植被的分界线,更是农耕区与畜牧业区的分界线,也就是农耕文明与游牧文明的分界线。在分界线以南、年降水量在400毫米以上,适合种植庄稼;在分界线以北、年降水量不足400毫米,不适合庄稼的生长,只能种植牧草。随着气候变迁,400毫米等降水量线经常发生变化,导致中原民族与游牧民族之间战争频发。

2019年3月,英国地理学家科克(Alexander Koch)在《第四纪科学评论》上发表了一篇论文,提出了一个有意思的观点:美洲殖民化扰乱地球气候。哥伦布发现新大陆后,欧洲殖民者携带的病毒杀死了大量的北美原住民。100年间,大约5500万人死亡,导致56万平方千米耕地无人种植,慢慢变成了森林和草原。美洲大陆的生态环境由此发生了剧变,遮天蔽日的森林吸收了大量二氧化碳,空气中二氧化碳含量减少了百万分之五。地表平均温度于是相应地下降了0.15 ℃,形成了17世纪初的"小冰河期"。全球各地纷纷出现气候异常,造成了各种层出不穷的灾荒,粮食大幅歉收。

今天,全球变暖带来了一个新的问题:开始破坏中国的二十四节气!早在西汉年间,《淮南子》一书中就提到了二十四节气的名称和顺序。在过去两千多年中,二十四节气基本准确地预报了一年之中气温的变化和日照的长短,这既可以作为农业生产的参考,也能够启发人的养生方法。

在《传家:中国人的生活智慧》作者任祥看来,现代企业的所谓"成功"模式,都是以最高效率、最低成本获利为首要宗旨。然而,那最低成本的代价,是不是影响了生态?她大声疾呼:"每一个国度,都该学学我们中国人做出当地的节气图表与饮食教育推广。教育其子民,随着季节变化调整饮食作息与衣着,而不是冷暖不分,只靠着空气调节机过着四季如春的日子……当学习古人伟大的二十四节气生活智慧。"作为一名能源人,我知道,今天在很多大城市,夏天空调负荷已经占了全部用电负荷的1/3以上。我们会走上更多的空调、更多的能源消耗、更多的碳排放、更严重的温室效应、更热的天气,进而用上更多空调的循环之路吗?

中国文明强调自强不息、积极应对,并一直弘扬天人合一,这和今天欧洲力推的低碳理念在根本上是一致的。

数亿年前,青藏高原隆起,切断了印度洋带给新疆的雨水,造成大面积的沙漠。还好,来自北大西洋的暖流,给新疆带来了美丽的赛里木湖和伊犁河谷,形成了一片片绿洲。在全球变暖的今天,大西洋的最后一滴眼泪会发生什么样的变化呢?研究发现,1987年以来,新疆的年降水量持续增加。21世纪初期比20世纪60年代的年降水量增加了26%,新疆气候由暖干向暖湿转变的格局已经形成。需要注意的是,新疆具有特殊的"三山夹两盆"地理特征,降水时空分布极不均匀,南疆地区年降水量普遍在100毫米以下,但有些时候的日降水量会超过平均年降水量。近年来,日降水极值的快速增加对农业生产等带来了不少影响。

如果说,在气候干旱的威胁下,中原民族和游牧民族在斗争中融合,共同创造了辉煌灿烂的中华文明,实现了南北融合。那么,在全球变暖的威胁下,东方文明与西方文明又会碰撞出什么样的火花,创造出什么样的东西融合奇迹呢?

大学篇

33 生 | 人类的永生与大学的使命

　　1996年那个秋天的黎明,我怀揣大学录取通知书,开始了人生的第一次远行。父母陪我穿过遥远的乡村小路,把我送到了乡长途汽车站。随着客运大巴缓缓驶出,留下了车上迷惘的我,和车下父亲的祝福、母亲的眼泪。而我,又从南京转乘火车来到北方的那座古城,开始了四年的大学之旅。一晃很多年过去了,2020年春节我回老家休假,临走前,母亲又流泪了。她说,一个人岁数大了之后,身体健康就不好说了,以前她离开外婆的时候,外婆总是舍不得、要哭,当时还不太理解,现在懂了。2020年秋天,侄子也要读大学了,哥哥也要送侄子出远门读书,又一个相同的循环开始了。大学,在家庭、社会乃至整个人类发展进程中承载着什么样的使命?

一

2003年8月,苹果公司创始人乔布斯发现自己得了胰腺癌。起初,他并不愿意做肿瘤切除手术,只是尝试针刺疗法和草药疗法,后来在肿瘤扩散后不得不进行了手术,并成为世界上最早接受癌症肿瘤基因和正常基因组测序治疗的20人之一。在和病魔搏斗的8年间,他成功开发了苹果智能手机,同时在心中默默地和上帝做了一笔交易——无论如何,一定要看到儿子高中毕业。在乔布斯被诊断出癌症后,他儿子就开始去斯坦福大学的肿瘤实验室实习,并表现出浓厚的兴趣。乔布斯非常欣喜,他认为,21世纪最大的创新将是生物学与技术的结合,儿子生逢其时,就像自己年轻时遇到数学时代一样。

和乔布斯的欣喜相反,著名物理学家爱因斯坦则对儿子的大学专业选择有一点点无奈。爱因斯坦有两个儿子,小儿子因患有精神分裂症,终生未娶;大儿子在15岁时,因宣布要当一名工程师,而让爱因斯坦非常生气。后来,大儿子考上了爱因斯坦的母校苏黎世联邦工学院,毕业后去一家钢铁公司工作,一段时间后又返回苏黎世联邦工学院做水利研究,最终成为美国加州大学伯克利分校的水利工程学教授。爱因斯坦慢慢接受了儿子的选择,他在给儿子的信中写道:"科学是一门困难的职业,有时很高兴你选择了一个实践领域,在那里不必寻找一株长有四个叶瓣的三叶草。"如果说,乔布斯儿子的选择有点产业升级的色彩,那么爱因斯坦儿子的选择,则是理论物理学金矿被采掘之后的一种现实选择吧!

几年前，我在浙江某沿海经济开发区洽谈新能源开发项目时，见到了刚上任的一位领导，交流之后发现，他原来是附近一座煤电厂所在镇的党委书记。在聊天中，他说自己的女儿现在大学里读太阳能发电专业，我心想，她女儿应该是和那座美丽的火电厂一起成长的吧！昔日的小渔村，今日的能源重镇，可她为什么没有去学煤电呢？会不会是太阳能发电蓬勃发展的潜力打动了她呢？

其实，太阳能发电是个很残酷的行业。这些年，美国、德国、中国的一大批光伏制造企业倒下，血本无归，这里面既有别的行业过来"试水"交学费的，也不乏业内大佬马失前蹄、破产重组的。不过，太阳能发电作为朝阳行业自有它的好处，那就是这家企业不行了，人员可以相对顺利地流动到别的企业去，享受行业蛋糕做大的红利。

有人说，一种新的技术，从实验室研究到最终成功产业化，通常需要20年左右。20年，刚好是一个人从呱呱坠地到读大学的时间。

二

计算机专家吴军曾在清华大学就读和任教，之后在美国约翰·霍普金斯大学获得博士学位，后成为该校工学院董事，参与美国名牌大学的管理。他结合自己的经历与思考，写成了《大学之路》一书。在他看来，一所好的大学，应该扮演四个角色。首先，它是培养人才的地方，将那些有潜力、有志向的年轻人培养成对未来社会有所贡献的人；第二，它是一个研究中心，引领世界科技的发展，并且会对一个国家、一个地区产生积极正面的影响;第三,它是一个新思想、新文化的发源地,能推动社会的进步;第四,它是年轻人的家,是他们度过人生最好时光的地方。

简单说,可以将一所好大学的使命概括为两点,一是培养年轻人才,二是推动社会进步。人们往往把这两点分开来说,但在我看来,这其实是一个硬币的两面。大学在推动社会进步的过程中,不可避免地会造成原有产业人员待遇下降甚至失业;而年轻人才的培养,对这些"家道中落"的家庭具有战略价值,是生活希望的延续,也是家庭财富的延续。以前,中国人以"面朝黄土背朝天"的农民为主,生活艰苦,子女只要考上大学,就未来可期,属于"鲤鱼跳龙门"。而现在,就拿城市中产阶级来说,谁知道20年后自己所在行业会发生什么颠覆式变化呢?

大学,特别是世界一流的研究性大学,既通过颠覆式创新砸了很多人的"饭碗",又通过给年轻人教育,让他们的知识结构适应新时代,拯救了无数家庭。大学,既是摧毁一切的魔鬼,又是孕育万物的天使。如果进一步分析,大学的摧毁机制可以分为两种。一种是社会的需求,比如原来用鲸的脂肪进行照明,后来随着鲸的数量大幅减少,社会必须寻找新的照明来源,因而对煤炭、石油这些照明替代物产生了新需求,而大学则通过创新对此加以推动。另一种是大学通过自由探索得到的新发现,比如德国维尔茨堡大学校长兼物理研究所所长伦琴(Wilhelm Könrad Röntgen)教授,在他从事阴极射线的研究时,发现了X射线,掀起了核医学的一场革命。

今天,学科融合的深入和产业变迁的加速推进,对大学生的素质提出了新的要求。南非约翰内斯堡在废弃的3000米深的金矿旧址上,建设了人文内涵丰富的金矿博物馆,里面精心设计的一大块金子吊足了参观者的胃口,几十美元仍一票难求;美国昔日煤炭钢铁重镇匹兹堡曾经炉火红遍了半个山谷,在20世纪80年代衰落后,在当地卡内基梅隆大学、匹兹堡大学的推动下,通过计算机和医药产业重新激发了城市的活力;一位中国青年在英国伦敦学习金融后,回国创办了风电企业,在低风速风机和智能能源开发上可圈可点,书写着新时代低碳经济的神话故事。

三

不同的时代,有不同的使命。美国《独立宣言》主要起草人、美国开国元勋之一杰斐逊(Thomas Jefferson)总统曾经说:"我必须研究政治和战争,就是为了让我的孩子们能研究数学和哲学。我的孩子们应该研究数学、哲学、地理、自然、历史、造船学、航海、商业和农业,目的是让他们的孩子们能够研究绘画、诗歌、音乐、建筑、雕塑、编织和陶艺。"对于中国这样一个14亿人口的大国来说,就业永远是大事儿。

1997年亚洲金融危机导致国内能源需求放缓,国务院提出从1998年到2001年三年不建新电厂,电力行业遇到发展低潮,大批电力院校毕业生被迫考研,延缓就业压力。华北电力大学1996级电力系电力系统自动化专业103名大四学生中,就有近70名学生报名考研。但考研前,有两周是电力系统动态模拟试验,需要所有学生在实验室做实验,极大地影响了考研复习。

作为其中的一分子,我大胆地提出了一个设想:大四下学期是毕业设计的时间,能不能把这门实验课也放到大四下学期呢?

在综合分析大家对这个方案的各种意见后,我的结论是:临时修改教学计划虽然很难,但理论上没问题;至于试验设备是否需要连续运转、是否增加花费,需要去实验室调研;关键问题是实验室下学期是否已经安排满了课程。

于是我先去了实验室,了解到实际的电厂机组确实要连续运行,每次停下来后,需要进行投油启动,但因为我们做的是模拟试验,所以启停无须花钱。然后我去了解排课情况,发现下学期实验室没有安排课程,时间上不冲突。在向老师们说明当前就业形势之严峻、同学们备考之辛苦后,实验室老师表示可以把模拟试验移到下学期,只要教务部门批准。随后,我找学校教务处处长,处长说课程修改的权力在电力系,只要系里面同意就可以。

考虑到修改教学计划是一件严肃的事,应当有普遍的诉求才会被慎重考虑。于是,我写了一封信,请全专业考研的60多人都签了字,然后向班主任、辅导员、系主任和分管教学的副系主任进行了汇报,并提交了申请信。很快,系里面做出决策,将原来的两周实验时间作为毕业设计的查阅资料时间,每个同学都去系里面领取了毕业设计题名。这样,考研的学生可以安心复习,不考研的学生可以查阅资料,为毕业设计做准备。

两周的复习时间，非常宝贵。在完整充裕时间的保证下，一位同学还在教室里为其他考研同学组织了一次模拟考试，使大家能够更好地把握考试时间和心态，效果很好。当时的华北电力大学1996级电力系统自动化专业的学生，形成了互相帮助、共同进步的良好考研氛围。

2002年12月，中国进行电力体制改革，在拆分国家电力公司的基础上，新组建国家电网公司、南方电网公司，以及中国华能集团公司、中国大唐集团公司、中国华电集团公司、中国国电集团公司、中国电力投资集团公司等五大发电集团，电力行业开始了新一轮的快速发展，为我们这些2003年前后毕业的电力专业研究生提供了广阔的就业与发展舞台。以我参加工作的第一个单位南方电网公司为例，公司为广东、广西、云南、贵州、海南五省区和港澳地区提供电力供应服务保障。从2003年到2020年，公司售电量从2575亿千瓦时增长到11 064亿千瓦时，年均增长8.9%；营业收入从1290亿元增长到5794.6亿元，年均增长9.2%；西电东送电量从267亿千瓦时增长到2305亿千瓦时，年均增长13.5%；资产总额从2312亿元增长到10 215亿元，年均增长9.1%；连续16年入围世界500强企业，2020年列第105位。

"授人以鱼，不如授人以渔。"成功地做一件事，尤其是团结大家做好一件事，对一个人自信心的培养和工作视野、工作思路的养成，非常重要，这是大学给我们最宝贵的财富。二十年前成功修改教学计划的这件事，给了我人生的自信、勇气与智慧。我相信，只要自己做的工作符合大多数人的利益，就一定会得到大家的支持；同时，一个人的视角

毕竟是有限的,需要谦虚地听取各方面的意见,博采众长,
形成合力。

从1999年开始,我国大学大规模扩招,全国
普通高校招生160万人,比1998年增加了52万
人,增幅高达48%。这批扩招后的大学生提供的
"工程师红利",为中国日后成为世界第二大经
济体做出了突出的贡献。也许,正是在这种一
代代的接力与传承中,人类,已经实现了某种意义上的
永生。

34 票

花季·雨季：
高考作文"一招鲜"

　　1984年，我的高中母校江苏省海安县中学的一名同学以江苏省文科第一的优异成绩，考取了复旦大学世界经济系。他的高考作文据说是满分，我曾经拜读过，只是记不清内容了。前段时间，我在网上搜索这篇文章未果，却意外发现当年的高考作文题目挺有意思："有的同学说：'每逢写作文，自己常常感到无话可说，只好东拼西凑，说一些空话套话，甚至编造一些材料。'有的老师说：'每次学生作文，我都辛辛苦苦地批改讲评，但是学生往往只看分数，不注意自己作文中存在的问题，所以提高不快。'针对上面两段话所反映的情况，联系自己和周围同学的现状，以对中学生作文的看法为中心，写一篇800字左右的议论文，题目自定。"其实，"暖战"和延伸出来的"暖战"思维，是应对这类开放式高考作文的"一招鲜，吃遍天"。

一

让我们先来研究一下2020年的高考作文。2020年全国各地高考的语文作文题目共11个,其中5个由教育部考试中心命制,天津、上海、江苏、浙江等省市各命制1个,北京命制2个。这些题目都可以或多或少和"暖战"元素发生关联。

在这11个作文题目中,全国Ⅱ卷、全国新高考Ⅰ卷和天津卷直接和疫情相关。全国Ⅱ卷根据疫情期间国内外互相帮助材料,要求以"携手同一世界,青年共创未来"为主题完成一篇中文演讲稿;全国新高考Ⅰ卷则要求以"疫情中的距离与联系"为主题,写一篇文章。天津卷讲述了医务工作者厚重防护服下疲惫的笑脸、快递小哥在寂静街巷里传送温暖的双手,要求以"走过2020年的春天,你对'中国面孔'又有什么新的思考和感悟?"为主题,写一篇文章。这类和疫情直接相关的题目估计考生早有准备,但若添加点"暖战"元素,或许可以起到锦上添花、画龙点睛的作用。比如,全国Ⅱ卷可号召全球青年高度关注全球变暖可能引发的西伯利亚冻土病毒危害人类;全国新高考Ⅰ卷可讲述智能发电、无人值守、科学保障24小时电力不间断供应;天津卷可强调"中国面孔"凝聚了中华民族五千年集体主义的群体基因,从疫情防控延伸至应对全球变暖的人类命运共同体,也可以讲煤炭工人如何在矿井深处提供中国的主体能源。

全国Ⅰ卷、全国Ⅲ卷、北京卷第1题和疫情似乎关联度不高。全国Ⅰ卷讲了春秋时齐桓公、管仲和鲍叔三人的故事,问"你对哪个感触最深?"鲍叔当年辅佐齐桓公争夺君位,后来推荐管仲治理国家,自己甘居其下。这里可以将鲍叔和煤炭联系起来,煤炭当年推动了工业革命,现在将市场份额逐步过渡给新能源。全国Ⅲ卷的题目是"毕业前,学校请你给即将入学的高一新生写一封信,主题是'如何为自己画好像',分享'我是怎样的人''我想过怎样的生活''我能做些什么''如何生活得更有意义'等重要的问题"。这里可以分享自己对绿色低碳的实践与思考。北京卷第1题为"北斗三号每一颗卫星都有自己的功用,共同织成一张'天网',引发了你怎样的联想和思考",这里可以联系低碳大业中每个人和每种能源的使命。

　　全国新高考Ⅱ卷、北京卷第2题、江苏卷、浙江卷则和疫情的联系若隐若现。全国新高考Ⅱ卷的题目是"电视台邀请你客串《中华地名》主持人,请以'带你走近＿＿＿'为题,写一篇主持词"。这里可以讲抗疫中的湖北与武汉、讲能源重镇,还可以结合三峡电站在全国电网中的枢纽地位,将湖北和全国更好地关联。北京卷第2题要求"以'一条信息'为题,联系现实生活,展开联想或想象,写一篇记叙文"。当下,我们听到的南北极冰川融化、亚马孙森林火灾、特斯拉电动汽车上海设厂等和低碳相关的信息很多,不妨从这个角度展开。江苏卷和北京卷第2题类似,题目中的材料为"同声相应,同气相求……你未来的样子,也许就开始于当下一次从心所欲的浏览,一串惺惺相惜的点赞,一回情不自禁的分享,一场突如其来的感动"。可借鉴北京卷第2题的套路。浙江卷的题目为"在不断变化的现实生活中,个人与家庭、社会之间的落差或错位难免产生。对此,你有怎样的体验与思考?"这里可以结合"绿水青山就是金山银山"的提出背景,从发展的角度讲个人与社会的矛盾与和解。

上海卷可能是2020年高考作文中最有特色的,既结合时事,又不限于时事。在《人民日报》微信公众号中,有网友认为这是今年出的最好题目,也有网友认为这个题目开放性大,不同考生的得分可能相差很大。上海卷的题目为:"世上许多重要的转折是在意想不到时发生的,这是否意味着人对事物发展进程无能为力? 请写一篇文章,谈谈你对这个问题的认识和思考。"无疑,考生既可以讲这次疫情,也可以讲如何应对全球变暖,只要充分发挥自己的聪明才智即可。

其实,近二十年来,上海卷的高考作文题,一直是这样的充满开放性,犹如上海这座国际化的开放城市。

二

2020年7月,澎湃新闻网收集整理了近20年来的上海卷高考作文题目,包括:中国味(2019年)、被需要(2018年)、对"预测"的思考(2017年)、对"评价他人生活"现象的思考(2016年)、如何对待心中坚硬和柔软的东西(2015年)、"穿越沙漠"的自由与不自由(2014年)、"重要的事"和"更重要的事"(2013年)、"微光"(2012年)、"一切都会过去"和"一切都不会过去"(2011年)、丹麦人钓鱼(2010年)、"板桥体"(2009年)、"他们"(2008年)、"必须跨过这道坎"(2007年)、"我想握住你的手"(2006年)、当今文化生活对学生成长造成的影响(2005年)、"忙"(2004年)、"杂"(2003年)、"面对大海"(2002年)、对文化遗产的了解、认识和思考(2001年)和

2010年上海世博会主题设想（2000年）。

　　参照2020年的全国各类高考作文,这些题目都可以套在"暖战"的框架里。比如,2019年的"中国味"题目为:"倾听了不同国家的音乐,接触了不同风格的异域音调,我由此对音乐的'中国味'有了更深刻的感受,从而更有意识地去寻找'中国味'。"这让我想起了能源转型专家何继江博士的经历。他花了11个月时间,走访了14个国家,从炎热的西班牙马德里到寒冷的芬兰北极圈,乘坐飞机、轮船、火车、公交车,自驾电动车,骑自行车,体验了欧洲能源转型的基层行动。每到一处他都详细记录了所见所闻,结合现场调研和文献考证撰写了考察笔记,与国内同行交流,并在2020年7月3日发表了《欧洲能源转型的所见所思及对中国能源发展的启示》,文中提及了欧洲在能源转型方面表现出强大的女性领导力;生物质供热在欧盟各国的能源转型实践中扮演重要角色;爱沙尼亚是世界上唯一用油页岩作为主要能源的国家,也在积极向可再生能源方面转型等内容。然而,中国人口众多,具有独特的资源禀赋特点,在借鉴欧洲国家的基础上,各种能源协同发展的低碳之路才是我们更有意识打造与欣赏的"中国味"。

　　再如,2005年的题目"当今文化生活对学生成长造成的影响"也很有特色:"从武侠小说、言情小说、校园民谣,到商业广告中的世界名曲,还有各种卡通音像制品、韩剧、休闲报刊以及时装表演等,请对当今的文化生活做一番审视和辨析,并谈谈它们对你的成长正在形成怎样的影响。"关于这个题材,可以从科幻作品入手。全球变暖的重大危机之一是海平面上升,上海这样的低海拔沿海城市很可能被淹没,人类除了流浪地球、移民火星外,还可以像苏联科幻作家别利亚耶夫(Elexander Beliave)设想的那样——重回大海吗?别利亚耶夫的科幻小说《水陆两栖人》讲的是一个天才医生让一个印第安婴儿获得了水陆两栖的生活能力,但是这种"改善"给主人公带来了灾难,使他受到了宗教和世俗的迫害,尽管他具有非凡的能力,却不得不远离人类,一个人孤独地在茫茫大海中了此残生。别利亚耶夫的小说结局引人深思:如果我们不能改造自己的思想,那么就算被改造成水陆两栖人,也无法获得美好的生活。另外,人类真的像小说中说的那么可怕吗?水陆两栖人可以与人类和谐相处吗?这些问题都值得思考。

三

1977年,中国恢复高考,拉开了改革开放的序幕。这一年,北京的高考作文题目是"我在这战斗的一年里",上海的高考作文题目是"在抓纲治国的日子里——记先进人物二三事"和"知识越多越反动吗?"学生可二选一。可以看出,当时的作文题目带有鲜明的时代特征。

改革开放四十多年,通过高考培养出的大学生在中国走向世界最大的工业国过程中发挥了重要作用。随着中国加快走向创新型社会,高考作文题目开始更多关注考生的思辨能力,对文章立意的要求越来越高。正如"暖战"包罗诸多领域,题材很多,套在这些比较宽泛的作文题上是没有问题的。

　　作为高考过来人,我特别期待高中生能够以此为契机,不仅通过高考作文"立言",还能"立功""立德",并且通过"立功""立德",更好地"立言"。其实,他们中有些人已经在这么做了:有的研究小区屋顶光伏的发电特性,有的研制学生卫星,还有的参加联合国气候变化大会……也许,他们对当时所写内容感悟不够,但是随着阅历的不断增加,这些营养丰富的精神食粮一定会逐步发酵。

　　在美国,SAT(Scholastic Assessment Test)和ACT(American College Test)被称为美国高考,其成绩是世界各国高中生申请美国大学入学资格及奖学金的重要参考。但是,除了这些成绩外,美国大学还普遍关注综合素质、特长等,如是否热心公益活动、是否有责任担当、是否有某种爱好等。很多孩子从小学起就基本上每年都参加社会公益活动。美国名牌大学招生特别关注学生的全面素质,如果没有爱好、特长,很难申请成功。一位在联合国实习的中国青年说,在联合国实习的这段经历开阔了视野,增加了阅历,也体现了自己服务人类的暖战精神,有助于今后申请到好的大学读书。

1997年,根据一名深圳高中生的同名小说改编而成的电影《花季·雨季》上映。电影讲述了在深圳的一所高中里,一群年轻人正在度过他们的花季和雨季,并通过各种生活细节,让人们从侧面读懂深圳这座同样处于花季的改革特区充满了积极向上的正能量。期待,在高中生的成长之路上,"暖战"和"暖战"思维,不仅成为高考作文的参考素材,也能对他们职业生涯的选择有所启发。

精

35 | "北大猪肉"与
"清华香肠"

"如果把母校比作一艘巨大的远洋海轮的话,那船上不仅有睿智的船长、敬业的水手,也有聪明而有趣的乘客。我有幸登上了这艘船,做了一回普通的乘客。于是,七年间,我随这艘大船到过许多地方,目睹了无数的美不胜收的风光。以后,下了船,才知道,你在船上七年,咸腥的海风味、船长的烟斗味、水手身上的汗味和乘客的趣味,早已经深深地渗透进你的身体和灵魂。你这一生,无论身在何处,都无法洗掉你身上和灵魂深处这独特的味道。"一个北大毕业生曾如此形容自己的大学岁月。北大和清华,从京师大学堂到留美预备学校,深刻影响着中国现代化的进程。

一

2020年5月7日,两个自嘲为猪肉佬的北大毕业生在抖音上开起了直播,吸引了十多万的"前浪""后浪"。这两位一个是1985级中文系陆步轩,一个是1980级经济学院陈生。他们如今都有一个共同的标签——壹号土猪。陆步轩任公司副董事长,陈生任公司董事长兼创始人。奇怪,为什么把公司的副董事长排在前面呢?

原来,2003年,生活落魄的陆步轩在老家西安长安区杀猪卖肉,"北大屠夫"一时被媒体炒作得沸沸扬扬,人们纷纷议论:"北大高才生怎么卖起猪肉了?"尤其是在人才紧缺的西部。此事惊动了时任北大校长许智宏院士,他站出来发声:"卖猪肉怎么了? 只要是为社会做贡献就好了! 北大可以出国家领导人,也可以出屠夫嘛!"

"言者无意,听者有心。"家在广东湛江的陈生,北大毕业后在广州市委工作,后来辞职在湛江开发房地产,完成了资本的原始积累,再后来做起了苹果醋生意。2003年,当陆步轩的故事传到他的耳朵时,他正在为禽流感影响自己的土鸡养殖而郁闷,这个故事却已经悄悄地为他的未来事业埋下了一颗种子。2006年,在逛菜市场时,他突然顿悟:"随着人民生活水平的提高,土猪肉市场前景很好,我为啥不卖猪肉,也和陆步轩一样当一名北大猪肉佬呢?"经济学院毕业的陈生,采用了养殖销售一体化的全国连锁店模式,并增加了智能化、国际化等时尚元素。2008年,在陆步轩的一位友人的牵线下,两位北大猪肉佬在广东见面了!

在陈生"三顾茅庐"般的邀请下,此时已经在长安区档案局修地方史的陆步轩兼职当起了广东屠夫学校的名誉校长，编写了教材，赚起了外快。直到2016年，陆步轩和陈生一起为"壹号土猪"的杭州店街头"剪彩"，又一起引起了舆论关注。这位一手拿笔、一手拿刀，最懂杀猪的读书人，终于在52岁辞去体制内工作，和陈生一起上了"梁山"，干得风生水起。

2013年，已经卸任北大校长的许智宏院士邀请陆步轩、陈生回母校演讲。2014年，北大开始筹备现代农学院。2017年，北大正式成立现代农学院，植物研究专家许智宏出任第一任院长。在陆步轩的自传《北大"屠夫"》一书中，许智宏写了序言，讲述了陆步轩、陈生和其他北大人与农业相关的故事。我想，北大创办现代农学院，许智宏出任第一任院长，是不是也多多少少受到陆步轩的启发呢？北大"屠夫"，也许不经意间，改变了北大的发展方向和北大校长的职业生涯。

2003年，当北大"屠夫"的故事炒得沸沸扬扬的时候，有人提出，在美国会发生这样的事情吗？2013年，这个问题有了答案。这一年，1978级北大数学系毕业生张益唐在研究孪生质数猜想上取得了重大突破，一鸣惊人。2014年，北大请他在毕业典礼上发表演讲。他在演讲中说道，自己在美国数学博士毕业后，工作很不顺利，曾经在一位北大校友加盟的赛百味连锁店打工，后来在另一位北大校友的帮助下，在美国一所普通大学当了很多年讲师，一直致力于攻克重大数学难题。这，可以算是"北大猪肉"之海外篇吧。

作为一所综合性大学，北大的魅力在于，只要她的学子在海外坚持理想,哪怕暂时落魄,也会得到热心校友的帮助,即便只是提供一个连锁店的简单工作。更重要的是,校友能够理解这种为全人类做贡献的信念。尽管,面对如此宏大的目标,一辈子艰苦奋斗,也很可能无法取得令人满意的成绩。

但是,这个世界,终究需要这样的人。

二

2002年11月15日上午11点35分左右,九位新一届中央政治局常委步入人民大会堂东大厅,与早已在此等候的近500名中外记者见面。人们惊讶地发现,这九人中有四位是清华大学20世纪60年代培养的"红色工程师",涉及水利、电子、电机、动力等专业。这后面,离不开时任清华大学校长蒋南翔的谆谆教导:毕业之后要低调做人、高调做事,不可贩卖"清华香肠"!

"清华香肠"好吃已经有90多年的历史了!据说,20世纪20年代中期,清华国学院成立,"四大导师"之一赵元任的夫人杨步伟联合几个太太在清华开了个饭馆,自制的香肠真材实料、风味独特,成为清华园美食的代名词。1931年,梅贻琦担任清华校长后,进一步广揽名师,迅速提高清华学术水平,学校中有人开始表现出对他人的不屑。梅贻琦做人低调,强调大家要谦虚谨慎。他说,"清华香肠"好吃大家都知道,大街上也有卖香肠的,但是我们没有必要刻意去宣传,外人在尝过"清华香肠"后便知道清华真正的味道。

抗战胜利后,梅贻琦一直担任清华大学校长,直到1948

年12月。1952年,蒋南翔就任清华大学校长。那时候,经过院系调整,清华大学只剩下几个工科系。蒋南翔根据国家需要和学科发展,迅速组建了无线电系、自动控制系、工程化学系、工程物理系、工程力学数学系,并安排学生"真刀实枪做毕业设计"。针对调研发现的个别清华毕业生在工作中出现的骄傲、自满、难管理现象,蒋南翔高度重视,反复强调"工作后不要急于亮出清华牌子,要放下身段,虚心向老同志、工人师傅学习,等工作得到大家认可后,那时候再知道你是清华毕业生,你就是'清华香肠'!"

改革开放后,面对多元化的选择,"清华香肠"被赋予了新的时代特征,但有一批人,仍和20世纪60年代的大学毕业生一样,脚踏实地,经历和挑战着"红色工程师"的终极梦想,清华大学水利系1993级毕业生卢道辉就是其中之一。大学毕业后,他从川西甘孜、康定,到西藏林芝、墨脱,20年过去了,一直践行着水利系的系歌:"前面是滚滚江水,身后是灯火辉煌。"

2018年,"复杂电网自律-协同自动电压控制关键技术、系统研制与工程应用"项目获得国家科技进步奖一等奖。难能可贵的是,这个项目的前三名主要完成人都是清华大学电机系张伯明教授团队成员。1982年,34岁的张伯明考入清华大学攻读博士学位,成为当时全校招收的8名博士生之一。1986年,中国从美国引进了4个电网调度自动化系统,分别用于华北、华东、东北和华中4个大区的电网,但限于当时国家的经济能力,未能引进电网能量管理系统(Energy Management System,简称EMS)应用软件,尚需立足国情自行加以开发。1988年年底,刚从英国学成归来的张伯明一头扎入东北电网调度中心,常常为了排查一个软件错误彻夜工作,夜里冷,就索性将计算机的包装箱拆了当被子盖。1990年5月,张伯明开发的状态估计等EMS高级应用软件在东北电网成功投入在线运行,项目获1992年国家科技进步奖二等奖。在此基础上,他们研发的全局电网自动电压控制(Automatic Voltage Control,简称AVC)系统技术领先,在国内半数以上电网投入闭环运行,还被覆盖区域涉及美国东部13个州和华盛顿特区的美国PJM电网公司引入技术。在可再生能源大规模接入电网的今天,张伯明的团队在保证电网安全稳定运行的调度控制技术方面也做出了很多新的成果。

三

如果说,"北大猪肉"体现出北大的兼容并包,那么,"清华香肠"则体现出清华的行胜于言。如果稍加延伸,"兼容并包"和"行胜于言"都有丰富的历史内涵。京师大学堂是戊戌变法的唯一成果,其组建本身就体现了中西合璧、互相包容的色彩;清华学校(最初名叫清华学堂)是利用庚子赔款、为培养赴美留学生而建,青年学生在异国他乡,唯有在耻辱中奋进,以实干精神闯出一方天地。

今天,面对全球变暖的世界大势,我们需要在科学问题上兼容并包,客观面对全球变暖的不确定性,认真听取各家之言,不断完善理论模型;同时,在实践方面,由于全球变暖可能带来巨大灾难,这就需要我们未雨绸缪,一步一个脚印地开展低碳行动，而不只是空打嘴炮。这方面，一批"清北人"做出了自己的贡献。

　　王绍武教授就是其中杰出的一位。1951年，王绍武考入清华大学气象系，1952年转入北京大学物理系气象专业，1954年为协助苏联专家工作，提前留校工作，后来成为北京大学教授。他曾在1972年参加了第一届世界气候大会，后来担任中国国家气候委员会副主任、联合国环境署世界气候影响规划科学顾问委员会委员、IPCC评估报告主要作者。他长期从事气候学研究，在古气候、气候诊断、气候变化和预测等领域做出了杰出贡献，曾获2003年度国家科技进步奖一等奖。在《全球变暖的科学》一书中，王绍武带领的"五人小组"对全球变暖的新观测、新思想和新动态，进行了系统梳理、客观表达，共引用了600多篇文献，充分展示了全球最新研究动态，其中20多篇国内学者执笔的文献，有一半是"五人小组"对气候变暖的一些建设性的争议。耄耋之年的王绍武在2013年撰写的后记中说，读者们看完该书，如果发现有什么错误，请发电子邮件给他，以便更正；另外，该作者中有青年人，他们会在"全球变暖"这个问题上继续研究下去。

在《国家精英——名牌大学与群体精神》一书中，法国当代社会学家布尔迪厄（Pierre Bourdieu）认为，巴黎高等师范学院、巴黎综合理工学院这两所拿破仑时代创立的顶级大学，其文凭已经和昔日的贵族身份一样，具备了某种"象征资本"，犹如一道神秘的栅栏，将拥有这些文凭的大学生和其他人区分开来，在合法差异中得到种种好处。然而，从概率的角度看，与最初无限美好的人生理想相比，毕业生中最终涌现的名人毕竟是少数。一方面，普通毕业生享受着历届名人给母校带来的"象征资本"；另一方面，一个人的成功除了个人奋斗和时代机遇之外，有时还与社会环境、家庭影响等多种因素紧密相关，正是那些即使在最平凡的职业岗位上也努力投入的校友，为少数名人成功的人生轨迹提供了存在的合理性。从现实的就业看，巴黎高等师范学院、巴黎综合理工学院已受到国家行政学院、巴黎高等商学院这些热门专业大学的冲击。在全球化的滚滚红尘中，"北大猪肉"也好，"清华香肠"也罢，又将何去何从，不忘初心？

36 联 | 世界大学气候变化联盟的年轻人

2020年7月2日,生态环境部和北京市人民政府在北京共同举办了主题为"绿色低碳,全面小康"的全国低碳日主场活动。本次活动的高潮是世界大学气候变化联盟青年团团长、清华大学环境学院应届毕业生张佳萱和全国多所高校青年志愿者代表共同宣读青年应对气候变化誓言:"气候变化问题可以在我们这一代被解决,人类命运共同体在我们这一代会更加繁荣!"受疫情影响,作为全球环境国际班2016级本科生的张佳萱,通过视频庄严宣誓。关于她的"诗和远方"的故事,则可以从一部网上公开的气候日记说起。

一

佳萱日记：

2019年1月23日，中国北京清华园。

"今天，我听到了一个令人兴奋的消息：清华大学与其他7所世界领先的大学一道，在达沃斯世界经济论坛上发起了世界大学气候变化联盟（Global Alliance of Universities on Climate，简称GAUC）。从这个学期开始，我将在清华大学气候变化与可持续发展研究院（Institute of Climate Change and Sustainable Development，简称ICCSD）实习，该研究院是GAUC的秘书处。期待GAUC将在联结全球大学和青年以保护环境方面做些什么。我等不及要为这一事业贡献我的一分力量了！"

这里提到的其他7所世界领先大学分别是伦敦政治经济学院、澳大利亚国立大学、伯克利加州大学、剑桥大学、帝国理工学院、麻省理工学院和东京大学。有些人可能对澳大利亚国立大学不太熟悉。该校始建于1946年，现任校长施密特（Brian Schmidt）在哈佛大学博士毕业后来到该校天文台工作。1998年，年仅31岁的他就通过超新星研究发现宇宙加速膨胀证据，获得2011年诺贝尔物理学奖。年少时，施密特曾经在阿拉斯加气象局实习过，梦想成为一名气候学家。澳大利亚国立大学加入世界大学气候变化联盟，也算是弥补了他儿时的梦想吧！毕竟，人类不能只关心1000亿年后再也看不到天上远去的星星，而更需要解决100年之内的生存发展！后来，在2019年5月召开世界大学气候变化联盟第一次全体会议时，又增加了法国、印度、巴西和南非的4所大学。

佳萱日记：

2019年12月7日，西班牙马德里。

"终于登陆马德里了！！很高兴能和我的代表团团结起来。从今天开始，我们将作为一个团队在很多事情上工作。不得不说，作为代表团团长，我确实对今后的日子感到有点紧张。然而，代表着关心气候变化和我们共同未来的大学生，所有的工作都是有意义和难忘的！"

张佳萱任团长的首届GAUC青年团，由来自印度、南非、澳大利亚、英国、日本、中国6个国家高校的15名优秀学生代表组成。其中，一位学生来自南非的一个沿海小镇，她在斯坦陵布什大学攻读生物多样性和生态学学位，研究领域是气候变化背景下生态系统复原力和可持续性维持的方法论。一位学生是澳大利亚国立大学国际气候政治和治理学博士，他的研究探讨了气候工程（从大气中提取温室气体或将太阳能从地球反射出去等技术）的技术本质以及相关的气候变化政治学与全球治理。来自英国帝国理工学院的一位学生从事适应气候变化的融资研究工作，重点是增加对加勒比海小岛屿国家的私人投资，以提升它们的气候适应性。东京大学的一位大二学生虽是日本人，但是整个童年都在曼谷度过，她喜欢研究建筑材料中碳排放的影响，并确保她的所有产品和装置都是合乎道德和可持续的。

佳萱日记：

2019年12月15日，西班牙马德里。

"过去的日子是如此富有成果：参加中国馆的会外活动，组织我们自己的对话和活动，为最后一天的新闻发布会做准备，甚至作为模特出现在一个可持续的时装秀上……通过深度思考、分享见解，满载着收获，代表团的旅程今天结束。在过去的几天里，我与来自世界各地的专家和行政人员交谈，我很高兴世界正在看到青年的力量。我相信，除了成为'年轻人'，我们还有更多的角色要扮演：年轻的学者、年轻的谈判者、年轻的传播者、年轻的教育工作者……世界就在我们的脚下。"

这里说的时装秀发生在12月12日的"中国角"，主题是"企业气候行动：时尚创新与青年未来"，由中国纺织工业联合会牵头主办。为了把最好的设计理念带到气候大会，主办方组织了122名来自东华大学、上海视觉艺术学院、上海杉达学院、浙江理工大学、浙江科技学院、北京服装学院、清华大学美术学院、中央美术学院的在校设计师，在短短一个月时间内制作了73套原创再造衣作品，最终经评审顾问投票后选出30件作品。作品以延续衣物的生命周期为出发点，展现了中国青年设计师应对气候变化的探索与行动，弘扬了"无可持续不时尚"的新型时尚理念。参与时装秀的模特是来自清华大学、剑桥大学、东京大学、南非斯坦陵布什大学等世界大学气候变化联盟成员学校的、拥有环境与气候领域的专业研究背景的硕士生和博士生。

二

2020年5月,世界大学气候变化联盟第一次全体会议在清华大学召开,会议讨论并通过了联盟的章程。会议决定,由清华大学担任联盟首届主席学校,伦敦政治经济学院担任联盟首届联合主席学校。清华大学校长邱勇担任联盟创始主席,伦敦政治经济学院校长沙菲克(Dame Minouche Shafik)担任联盟共同主席。为什么是伦敦政治经济学院?原因之一可能是该校拥有一位"大神"——斯特恩(Nicholas Stern)教授。

斯特恩人生经历丰富,拥有剑桥大学学士学位和牛津大学博士学位,曾担任世界银行首席经济学家。2006年,在英国政府及首相的邀请下,斯特恩经过一年调研,主持完成并发布了《斯特恩报告》。这份长达700页的洋洋洒洒的报告,全面分析了气候变化对全球经济、社会和环境方面的影响。报告认为,按照常规经济模式预测,如果现在不采取行动,气候变化所造成的成本和风险,每年将至少相当于全球GDP(生产总值)的5%。如果从更广义的角度考虑这些风险和影响,其破坏程度将相当于全球GDP的20%甚至更多,其严重程度不亚于世界大战和经济大萧条。但如果现在采取行动,那么成本仅相当于全球GDP的1%左右。

《斯特恩报告》发布后,其激进的碳减排建议引起了业内的广泛争议,耶鲁大学教授诺德豪斯(William Nordhaus)对其提出了尖锐批评。他认为,斯特恩选择了明显过低的社会贴现率水平,大大高估了气候变化的可能威胁,采取激进措施限制温室气体排放是因噎废食。相比之下,采用开征碳税、建设碳排放交易市场等市场化的手段,可能在增长和环保之间建立更好的平衡。

2018年10月8日,在瑞典斯德哥尔摩,诺德豪斯因在气候变化经济学方面的贡献获得诺贝尔经济学奖。当他获奖的消息传来之后,有人说,在不少业内人士看来,诺德豪斯问鼎诺贝尔经济学奖只是早晚问题。也有人感叹,经济学理论其实是滞后于现实的,美国基本垄断了诺贝尔经济学奖,是因为美国经济发达,人们自然就对解释美国经济现象的理论感兴趣了,获奖者之间也慢慢产生了滚雪球效应。随着中国积极应对气候变化、助推经济发展,今天的中国年轻学子,会较快成为未来的诺贝尔经济学奖得主吗?

2018年10月9日,就在诺德豪斯获得诺贝尔经济学奖的第二天,斯特恩来到了清华大学,做客"气候大讲堂",并发布了由全球经济和气候委员会于近期完成的报告《探索21世纪的包容性增长:当务之急——加速气候行动》。在演讲中,斯特恩强调:相比12年前《斯特恩报告》发布时的情况,现在技术更加进步,出现了共享汽车、共享自行车等新形式,储能装置成本下降很快。他表示,"一带一路"覆盖了3个中国的人口,这些国家中很多正经历着中国在1995年经历的,中国应该和这些国家分享经验和教训,一起选择包容性增长路径。

斯特恩的建议,是关于人类可持续发展的宏大命题。

三

2020年7月9日晚,联合国可持续发展目标"行动十年"

计划大学校长特别会议在线拉开帷幕。在为期两天的会议中，来自60余个国家100多所顶尖大学的校长及副校长围绕联合国可持续发展解决方案网络（Sustainable Development Solutions Network，简称SDSN）所面临的机遇与挑战问题进行讨论，提出高等教育的可持续发展合作与应对方案，在关键领域推动全球性问题的解决。会议由联合国可持续发展解决方案网络主任、哥伦比亚大学经济学教授、清华大学全球可持续发展研究院国际学术委员会主席萨克斯（Jeffrey Sachs）主持，联合国秘书长古特雷斯（António Guterres）发表了视频致辞，清华大学校长邱勇发表演讲，强调世界大学气候变化联盟在应对气候变化等全球紧迫挑战中的作用和努力。

可持续发展目标"行动十年"计划由古特雷斯于2020年正式发起，呼吁加快应对贫困、气候变化等全球面临的最严峻挑战，以确保在2030年实现以17个可持续发展目标为核心的"2030年可持续发展议程"。该议程由联合国193个会员国在2015年9月举行的历史性首脑会议上一致通过，并于2016年1月1日正式启动。议程呼吁各国采取行动，为今后15年实现17项可持续发展目标而努力。时任联合国秘书长潘基文指出："这17项可持续发展目标是人类的共同愿景，也是世界各国领导人与各国人民之间达成的社会契约。它们既是一份造福人类和地球的行动清单，也是谋求取得成功的一幅蓝图。"

这17项目标，每个都是如此伟大，以至于我无法不一一介绍，一个都不能少：

目标1:在全世界消除一切形式的贫困;

目标2:消除饥饿,实现粮食安全,改善营养状况和促进可持续农业;

目标3:确保健康的生活方式,促进各年龄段人群的福祉;

目标4:确保包容和公平的优质教育,让全民终身享有学习机会;

目标5:实现性别平等,增强所有妇女和女童的权能;

目标6:为所有人提供水和环境卫生并对其进行可持续管理;

目标7:确保人人获得负担得起的、可靠和可持续的现代能源;

目标8:促进持久、包容和可持续的经济增长,促进充分的生产性就业和人人获得体面工作;

目标9:建造具备抵御灾害能力的基础设施,促进具有包容性的可持续工业化,推动创新;

目标10:减少国家内部和国家之间的不平等;

目标11:建设包容、安全、有抵御灾害能力和可持续的城市和人类住区;

目标12:采用可持续的消费和生产模式;

目标13:采取紧急行动应对气候变化及其影响;

目标14:保护和可持续利用海洋和海洋资源以促进可持续发展;

目标15:保护、恢复和促进可持续利用陆地生态系统,可持续管理森林,防治荒漠化,制止和扭转土地退化,遏制生物多样性的丧失;

目标16：创建和平、包容的社会以促进可持续发展，让所有人都能诉诸司法，在各级建立有效、负责和包容的机构；

目标17：加强执行手段，重振可持续发展全球伙伴关系。

不难看出，在所有17个目标中，在一切致力于人类美好生活的人们看来，可能只有第13个目标有一定的争议。因为客观地说，应对气候变化尚未完全达成全球共识。其他16个目标，尽管都具有全球性的特点，但是又都具有局部性。唯有以全球变暖为标志的气候变化，必须依靠全人类的共同努力。这是应对气候变化的痛点，也是真正的机遇——应对全球变暖，是人类命运共同体的基石。

要想真正理解全球变暖，只能从假如没有全球变暖中寻找。没有全球变暖，我们就不追求那16个目标吗？显然不会。那有了全球变暖呢？人类正好在"暖战"的推动下，理念创新、科技创新、制度创新，更高、更快、更强地实现那16个目标。在人类文明的历史长河中，全球变暖只是一个插曲、一朵浪花、一根杠杆，可持续发展才是我们的星辰大海、初心使命。

从这个意义上讲，全球变暖是上天送给21世纪人类的最佳礼物，让我们在当前去全球化的种种逆流中，抱团取暖，拨云见日。无疑，这也是世界大学气候变化联盟年轻人的世纪机遇。

结语

"'暖战'全席"：硬菜、主食与调料

人生，需要一场说走就走的旅行。

2015年1月，我带着某世界五百强企业董事长对挂职人员"勤学、善思、实干、创新、修身"的指导，来到浙江宁波某特大型电厂挂职总经理助理，并成为公司领导班子成员。挂职两年期间，为了做好当地新能源特色小镇的设计，我去了很多地方感受科技与文化元素：上海迪士尼乐园门口的蒸汽船米奇喷泉，再现了1928年11月世界首部有声卡通电影《威利号汽船》在纽约上映时的那只穿靴戴帽、随着音乐舞动的米老鼠，在后来的美国大萧条中给人以精神力量；大亚湾核电站的大海对面是高档住宅区，显示人与自然的和谐发展；秦山核电站的首个国产30万千瓦机组，四处环山，透露出中国核电起步时的谨慎……

两年的美好时光匆匆而过，我又回到北京，但是，心中走向远方的激情已无法抑制。2017年9月，我踏上了中国

能源大国重器的"朝圣之旅"。第一站是大庆油田,在那里,我感悟到了新时代的"铁人精神",看到了高含水量油井和湿地一起构成的美丽风景线;我在宽厚的三峡水电大坝上闲庭信步,到中华鲟研究所了解人工繁育基因工程的最新进展;安徽合肥"人造太阳"的国家大科学装置——全超导托卡马克(EAST)东方超环,创造了核聚变稳定运行101.2秒的世界纪录,但几千万摄氏度的高温也引发了一系列惊心动魄的技术瓶颈;今天的宝钢提供了中国一半的汽车板材,厂区环境优美,也在开展电能回收利用废钢;协鑫集团的未来能源馆,是隐藏在青瓦白墙的苏州园林里的一座可沉浸体验的智慧能源小屋;在远景能源的上海研发中心,年薪百万的"码农"挤在密密麻麻的格子间里,书写着智慧风电与能源互联网的故事;在重庆市区去往涪陵焦石镇调研页岩气的路上,受网友关于"一战""二战"和冷战引发的科技革命的启发,我的脑子里突然蹦出了一个词——"暖战",应对全球变暖之战!

既然是应对全球变暖之战,就必须拥有全球视野。在接下来的2017年"十一"长假中,我第一次去日本进行了调研,参观了东京、京都、大阪、名古屋等地,感受日本人的生活方式和深受中国唐代影响的传统文化。

2018年5月,我又去了芬兰、冰岛,感受北欧生活。据说,日本人是芬兰的超级粉丝,喜欢购买芬兰产品。在芬兰赫尔辛基大学的图书馆里,经常有日本人过来参观学习自然、体贴又时尚的艺术设计。在冰岛时,我住在一位画家的家中,家中的油画在冰雪世界中很有温暖的感觉。

2019年"五一"期间,我回江苏老家休假。看着夜里格外明亮的星星,我想,从1992年我因数学竞赛成绩优异前往县城读初三,一晃这么多年过去了,家里1986年新建的瓦房似乎青春依旧,而爸妈虽然岁数大了,精神却依然很好,讲的故事逗得侄儿哈哈大笑。这么多年过去了,我做了什么? 又要向哪儿发展呢?

我想起了自己曾在《奴隶社会》公众号上发表的文章。《永远的斗牛士》的开头部分:

"50多年前,苏北某农村。安静的村庄突然人声鼎沸,一头耕牛造反了! 它挣脱了缰绳,将平时虐待它的饲养员踩在牛蹄下面,狠狠地践踏。两根犀利的牛角,犹如两把尖刀在蓝天下闪闪发光。前来围观的村民都懵了,无人胆敢靠近这头疯狂的耕牛。这时候,一个年轻人把上衣一脱,一个猛子扎到河对岸,两手紧紧抓住牛角,将疯牛的上半身提了起来! 周围的群众这才冲上来,制服了疯牛,并把饲养员紧急送往医院抢救,发现他已经断了两根肋骨……"

这位年轻人,就是我的父亲。更早之前,爷爷在江南喝了污水,身患重病,再也无法开船作业,15岁的父亲一个人把爷爷的船从风高浪急的长江划到老家,把爷爷带了回来。对环境污染治理的渴望和对美好生活的追求,其实,从很早很早的时候就开始了。

2018年12月,我在微信公众号上发布了文章《"暖战"时代：你看不到的淘金浪潮》。

2019年6月，我在喜马拉雅平台上开通了《"暖战"时代 | 全球变暖奇葩说》音频产品，非常感谢王元辰、王萌、陆梦楠、李星煜、张玉滢、戚祺远、刘丹、何佳茗等年轻人的热情参与。

2019年12月，我在《能源》杂志上发表文章《文明三部曲：热战、冷战与"暖战"》。

为了"暖战"，在行万里路、读万卷书之外，我还和很多很多人进行了交流，这里面有两院院士、行业领袖、海外博士、大中学生和各行各业的劳动者，特别是我的父亲沈章近和母亲王长兰，以及北京大学国际法学院硕士生吉淳，中央财经大学绿色金融国际研究院研究员毛倩，瑞士苏黎世联邦理工学院化工博士徐晓颖，德国经济研究所博士生孙溪，能源央企专家于瑞雪、甘森、赵永宏、曹博楠，"Z世代"中医理疗师赵佳莉等年轻人。我发现，"暖战"元素无处不在，"暖战"红利无处不有。

随着中国2030年碳达峰、2060年碳中和目标的提出，我们每个人更是有意或者无意中成为"'暖战'全席"中的某个角色：硬菜、主食与调料。

也许，这本书，可以供您在"烹饪"时参考。

聊到烹饪，提供一个"吃货"信息。在北京五道口的一家北京菜馆，一个"蜂窝煤"菜单广受欢迎。"蜂窝煤"形似蜂窝煤,其实由黑米构成,用酒精点燃,明亮的火光点亮了顾客的面庞,也点亮了彼此心中的记忆。"暖战",其实也可以如此地接地气。

凡是通电的地方,都能听到"暖战"的故事。

凡是通电的地方,都有"暖战"故事的发生。

这是你、我、他(她),全中国、全人类、全宇宙、全时空共同的故事。

参考文献

[1] 中华人民共和国国务院新闻办公室.《新时代的中国能源发展》白皮书[EB/OL].(2020-12)[2020-12-21].http://scio.gov.cn/zfbps/32832/Document/1695117/1695117.htm.

[2] 李治中.癌症新知:科学终结恐慌[M].北京:清华大学出版社,2017.

[3] 张磊.价值:我对投资的思考[M].杭州:浙江教育出版社,2020.

[4] 陈启文.中华水塔[M].西宁:青海人民出版社,2020.

[5] 吉本.全译罗马帝国衰亡史[M].席代岳,译.杭州:浙江大学出版社,2018.

[6] 斯塔夫里阿诺斯.全球通史:从史前史到21世纪[M].吴象婴,等译.北京:北京大学出版社,2006.

[7] 哈珀.罗马的命运:气候、疾病和帝国的终结[M].李一帆,译.北京:北京联合出版公司,2019.

[8] 陈锦华.国事续述[M].北京:中国人民大学出版社,2012.

[9] 洛佩兹.北极梦:对遥远北方的想象与渴望[M].张建国,译.南宁:广西师范大学出版社,2017.

[10] 福提.生命简史:地球生命40亿年的演化传奇[M].高环宇,译.长春:中信出版社,2018.

[11] 斯米尔. 我们应该吃肉吗？无肉不欢的世界[M]. 王洁, 译. 北京：电子工业出版社, 2017.

[12] 萨拉斯卡. 食肉简史：人类痴迷肉类250万年的历史[M]. 陆俊迪, 译. 海口：海南出版社, 2020.

[13] 艾萨克森. 史蒂夫·乔布斯传[M]. 管延圻, 等译. 北京：中信出版社, 2011.

[14] 周苏. 电动汽车简史[M]. 上海：同济大学出版社, 2010.

[15] 陈喜峰, 陈玉明, 赵宏军. 南美"锂三角"锂资源产业发展现状与对策建议[J]. 国土资源科技管理, 2020, 209(5): 18—26.

[16] 《攀登与奉献》编委会. 攀登与奉献：清华大学科技五十年[M]. 北京：清华大学出版社, 2001.

[17] 褚君浩. 十万个为什么：能源与环境[M]. 6版. 上海：少年儿童出版社, 2020.

[18] 翁云宣, 付烨, 等. 生物分解塑料与生物基塑料[M]. 2版. 北京：化学工业出版社, 2020.

[19] 《环球科学》杂志社, 外研社科学出版工作室. 科学美国人精选系列：2036, 气候或将灾变[M]. 北京：外语教学与研究出版社, 2016.

[20] 叶谦. 地球气候演化小史：72个小故事, 讲完你该知道的地球气候知识[M]. 北京：中国科学技术出版社, 2019.

[21] 美国不列颠百科全书公司. 环境[M]. 霍星辰, 译. 北京：中国农业出版社, 2012.

[22] 科尔伯特. 大灭绝时代：一部反常的自然史[M]. 叶盛, 译. 上海：上海译文出版社, 2019.

［23］余克服．珊瑚礁科学概论［M］．北京：科学出版社，2018．

［24］谢诺夫斯基．深度学习：智能时代的核心驱动力量［M］．姜悦兵，译．长春：中信出版社，2019．

［25］胡军，赵帅，欧阳勇，等．基于巨磁阻效应的高性能电流传感器及其在智能电网的量测应用［J］．高电压技术，2017（7）：2278—2286．

［26］王立铭．生命是什么［M］．北京：人民邮电出版社，2018．

［27］利伯曼．人体的故事：进化、健康与疾病［M］．蔡晓峰，译．杭州：浙江人民出版社，2017．

［28］戴蒙德．剧变：人类社会与国家危机的转折点［M］．曾楚媛，译．北京：中信出版社，2020．

［29］乌尔森．想当厨子的生物学家是个好黑客［M］．肖梦，译．北京：清华大学出版社，2013．

［30］思科鲁特．永生的海拉［M］．刘旸，译．南宁：广西师范大学出版社，2018．

［31］齐默．病毒星球［M］．刘旸，译．南宁：广西师范大学出版社，2019．

［32］罗斯顿．碳时代：文明与毁灭［M］．吴妍仪，译．上海：生活·读书·新知三联书店，2017．

［33］曹福亮．听伯伯讲银杏的故事［M］．北京：中国林业出版社，2009．

［34］叶铁林．探索科学之路：百年诺贝尔化学奖钩沉［M］．北京：化学工业出版社，2016．

［35］帕尔茨，秦海岩．太阳的胜利（2000—2020）：21世纪新能源简史［M］．秦海岩，译．长沙：湖南科学技术出版社，2019．

[36] 西瓦拉姆.驯服太阳:太阳能领域正在爆发的新能源革命[M].
孟杨,译.北京:机械工业出版社,2020.

[37] 麦格雷戈.大英博物馆世界简史[M].余燕,译.北京:新星出版
社,2017.

[38] 穆勒.未来总统的能源课[M].李月华,译.长沙:湖南科学技术
出版社,2015.

[39] 波特金,佩雷茨.大国能源的未来[M].北京:电子工业出版社,
2012.

[40] 季元.远在巴西[M].北京:北京时代华文书局,2017.

[41] 塔巴克.能源与未来丛书[M].上海:商务印书馆,2011.

[42] 布斯.北欧,冰与火之地的寻真之旅[M].梁卿,译.上海:生活·
读书·新知三联书店,2016.

[43] 奥拉,马修.魔幻化学人生:诺贝尔奖得主乔治·奥拉自传[M].夏
磊,胡金波,译.上海:上海科学技术出版社,2019.

[44] 万斯.硅谷钢铁侠:埃隆·马斯克的冒险人生[M].周恒星,译.北
京:中信出版集团,2016.

[45] 祖布林,瓦格纳.赶往火星:红色星球定居计划[M].阳曦,徐蕴
芸,译.北京:科学出版社,2012.

[46] 皮里.征服北极点[M].陈静,译.北京:商务出版社,2017.

[47] 张国宝.筚路蓝缕:世纪工程决策建设记述[M].北京:人民出版
社,2018.

[48] 郭伟,唐人虎.2060碳中和目标下的电力行业[J].能源,2020,
142(11):14—21.

[49] 范珊珊.挪威:石油国的荣光与梦想[J].能源,2018,118(9):44—
46.

[50] 王遥.气候金融[M].北京:中国经济出版社,2013.

[51] 布雷丁.创新的国度:瑞士制造背后的成功基因[M].徐国柱,龚
贻,译.北京:中信出版社,2014.

[52] 常青.协和医事:协和百年纪念版[M].北京:北京联合出版公司,
2017.

[53] 斯威尼.能源效率:建立清洁、安全的经济体系[M].清华四川能
源互联网研究院,译.北京:中国电力出版社,2017.

[54] 欧阳英鹏.宝钢故事[M].上海:上海人民出版社,2008.

[55] 斯潘根贝格,莫泽.科学的旅程[M].郭奕玲,陈蓉霞,沈慧君,
译.北京:北京大学出版社,2014.

[56] 艾萨克森.爱因斯坦传[M].张卜天,译.长沙:湖南科学技术出
版社,2014.

[57] 尼科里斯,普利高津.探索复杂性[M].罗元里,陈奎宁,译.成
都:四川教育出版社,2010.

[58] 罗奇.电的科学史[M].胡小锐,译.北京:中信出版社,2018.

[59] 祖克曼.页岩革命[M].艾博,译.北京:中国人民大学出版社,
2014.

[60] 罗宾斯,库尔特.管理学[M].11版.李原,孙健敏,黄小勇,译.北
京:中国人民大学出版社,2012.

[61] 波特.竞争战略[M].陈小悦,译.北京:华夏出版社,2005.

[62] 莫内.欧洲之父:莫内回忆录[M].孙慧双,译.北京:国际文化出
版公司,1989.

[63] 王静,王兰,巴茨.鲁尔区的城市转型:多特蒙德和埃森的经验[J].国际城市规划,2013,6.

[64] 弗里兹.黑石头的爱与恨:煤的故事[M].时娜,译.北京:中信出版社,2013.

[65] 牛峰,陈双,李亚,等.英国海上风电行业发展前景展望:基于差价合约制度的分析[J].海洋开发与管理,2019,257(9):70—76.

[66] 科尔兰斯基.一条改变世界的鱼:鳕鱼往事[M].韩卉,译.北京:中信出版集团,2017.

[67] 毕淑敏.人生终要有一场触及灵魂的旅行[M].长沙:湖南文艺出版社,2014.

[68] 斯米尔.石油简史:从科技进步到改变世界[M].李文远,译.北京:石油工业出版社,2020.

[69] 哈雷.科幻编年史:银河系伟大科幻作品视觉宝典[M].王佳音,译.北京:中国画报出版社,2019.

[70] 阿西莫夫.人生舞台:阿西莫夫自传[M].黄群,许关强,译.上海:上海科技教育出版社,2020.

[71] 王天媛,匡伟佳,马石庄.火星磁场和行星发电机理论[J].地球物理学进展,2006,21(3):768—775.

[72] 沃森.德国天才1:德意志的命运大转折 第三次文艺复兴[M].张弢,孟钟捷,译.北京:商务印务馆,2016.

[73] 沃森.德国天才2:受教育中间阶层的崛起[M].王志华,译.北京:商务印书馆,2016.

[74] 沃森.德国天才3:现代性的痛苦与奇迹[M].王琼颖,孟钟捷,译.北京:商务印书馆,2016.

[75] 沃森.德国天才4:断裂与承续[M].王莹,范丁梁,张弢,译.北京:商务印书馆,2016.

[76] 英国DK出版社.哲学百科[M].康婧,译.北京:电子工业出版社,2014.

[77] 赫拉利.人类简史:从动物到上帝[M].林俊宏,译.北京:中信出版社,2014.

[78] 任祥.传家:中国人的生活智慧[M].北京:新星出版社,2012.

[79] 吴军.大学之路:陪女儿在美国选大学[M].2版.北京:人民邮电出版社,2018.

[80] 别利亚耶夫.世界科幻名著经典系列:水陆两栖人[M].赵斌,李红,译.保定:河北大学出版社,2009.

[81] 陆步轩.北大"屠夫"[M].北京:世界图书出版公司,2016.

[82] 张克澄.大家小絮[M].北京:中信出版社,2019.

[83] 阿忆.刻在灵魂深处:80年代之北大记忆[M].北京:北京大学出版社,2018.

[84] 王绍武,罗勇,等.全球变暖的科学[M].北京:气象出版社,2013.

[85] 林益楷.能源大抉择:迎接能源转型的新时代[M].北京:石油工业出版社,2019.